U0186805

杭州优秀传统文化丛书

Hangzhou Youxiu Chuantong Wenhua Congshu

茶都清话

考拉看看——编著

康 成 莫笑雨——执笔

杭州出版社

图书在版编目（CIP）数据

茶都清话 / 考拉看看编著；康成，莫笑雨执笔. -- 杭州：杭州出版社，2022.8

（杭州优秀传统文化丛书）

ISBN 978-7-5565-1663-6

Ⅰ.①茶… Ⅱ.①考… ②康… ③莫… Ⅲ.①茶文化—杭州 Ⅳ.①TS971.21

中国版本图书馆 CIP 数据核字（2022）第 004137 号

Chadu Qinghua

茶都清话

考拉看看 编著 康 成 莫笑雨 执笔

责任编辑 杨 凡
装帧设计 祁睿一 李铁军
美术编辑 祁睿一
责任校对 魏红艳
责任印务 屈 皓
出版发行 杭州出版社（杭州市西湖文化广场32号6楼）
电话：0571-87997719 邮编：310014
网址：www.hzcbs.com
排　　版 浙江时代出版服务有限公司
印　　刷 杭州日报报业集团盛元印务有限公司
经　　销 新华书店
开　　本 710 mm × 1000 mm 1/16
印　　张 17.5
字　　数 218千
版 印 次 2022年8月第1版 2022年8月第1次印刷
书　　号 ISBN 978-7-5565-1663-6
定　　价 58.00元

序　言

文化是城市最高和最终的价值

我们所居住的城市，不仅是人类文明的成果，也是人们日常生活的家园。各个时期的文化遗产像一部部史书，记录着城市的沧桑岁月。唯有保留下这些具有特殊意义的文化遗产，才能使我们今后的文化创造具有不间断的基础支撑，也才能使我们今天和未来的生活更美好。

对于中华文明的认知，我们还处在一个不断提升认识的过程中。

过去，人们把中华文化理解成“黄河文化”“黄土地文化”。随着考古新发现和学界对中华文明起源研究的深入，人们发现，除了黄河文化之外，长江文化也是中华文化的重要源头。杭州是中国七大古都之一，也是七大古都中最南方的历史文化名城。杭州历时四年，出版一套“杭州优秀传统文化丛书”，挖掘和传播位于长江流域、中国最南方的古都文化经典，这是弘扬中华优秀传统文化的善举。通过图书这一载体，人们能够静静地品味古代流传下来的丰富文化，完善自己对山水、遗迹、书画、辞章、工艺、风俗、名人等文化类型的认知。读过相关的书后，再走进博物馆或观赏文化景观，看到的历史遗存，将是另一番面貌。

过去一直有人在质疑，中国只有三千年文明，何谈五千年文明史？事实上，我们的考古学家和历史学者一直在努力，不断发掘的有如满天星斗般的考古成果，实证了五千年文明。从东北的辽河流域到黄河、长江流域，特别是杭州良渚古城遗址以4300—5300年的历史，以夯土高台、合围城墙以及规模宏大的水利工程等史前遗迹的发现，系统实证了古国的概念和文明的诞生，使世人确信：这里是古代国家的起源，是重要的文明发祥地。我以前从来不发微博，发的第一篇微博，就是关于良渚古城遗址的内容，喜获很高的关注度。

我一直关注各地对文化遗产的保护情况。第一次去良渚遗址时，当时正在开展考古遗址保护规划的制订，遇到的最大难题是遗址区域内有很多乡镇企业和临时建筑，环境保护问题十分突出。后来再去良渚遗址，让我感到一次次震撼：那些"压"在遗址上面的单位和建筑物相继被迁移和清理，良渚遗址成为一座国家级考古遗址公园，成为让参观者流连忘返的地方，把深埋在地下的考古遗址用生动形象的"语言"展示出来，成为让普通观众能够看懂、让青少年学生也能喜欢上的中华文明圣地。当年杭州提出西湖申报世界文化遗产时，我认为是一项需要付出极大努力才能完成的任务。西湖位于蓬勃发展的大城市核心区域，西湖的特色是"三面云山一面城"，三面云山内不能出现任何侵害西湖文化景观的新建筑，做得到吗？十年申遗路，杭州市付出了极大的努力，今天无论是漫步苏堤、白堤，还是荡舟西湖里，都看不到任何一座不和谐的建筑，杭州做到了，西湖成功了。伴随着西湖申报世界文化遗产，杭州城市发展也坚定不移地从"西湖时代"迈向了"钱塘江时代"，气势磅礴地建起了杭州新城。

从文化景观到历史街区，从文物古迹到地方民居，众多文化遗产都是形成一座城市记忆的历史物证，也是一座城市文化价值的体现。杭州为了把地方传统文化这个大概念，变成一个社会民众易于掌握的清晰认识，将这套丛书概括为城史文化、山水文化、遗迹文化、辞章文化、艺术文化、工艺文化、风俗文化、起居文化、名人文化和思想文化十个系列。尽管这种概括还有可以探讨的地方，但也可以看作是一种务实之举，使市民百姓对地域文化的理解，有一个清晰完整、好读好记的载体。

传统文化和文化传统不是一个概念。传统文化背后蕴含的那些精神价值，才是文化传统。文化传统需要经过学者的研究提炼，将具有传承意义的传统文化提炼成文化传统。杭州在对丛书作者写作作了种种古为今用、古今观照的探讨交流的同时，还专门增加了“思想文化系列”，从杭州古代的商业理念、中医思想、教育观念、科技精神等方面，集中挖掘提炼产生于杭州古城历史中灵魂性的文化精粹。这样的安排，是对传统文化内容把握和传播方式的理性思考。

继承传统文化，有一个继承什么和怎样继承的问题。传统文化是百年乃至千年以前的历史遗存，这些遗存的价值，有的已经被现代社会抛弃，也有的需要在新的历史条件下适当转化，唯有把传统文化中这些永恒的基本价值继承下来，才能构成当代社会的文化基石和精神营养。这套丛书定位在“优秀传统文化”上，显然是注意到了这个问题的重要性。在尊重作者写作风格、梳理和讲好“杭州故事”的同时，通过系列专家组、文艺评论组、综合评审组和编辑部、编委会多层面研读，和作者虚心交流，努力去粗取精，古为今用，这种对文化建设工作的敬畏和温情，值得推崇。

人民群众才是传统文化的真正主人。百年以来，中华传统文化受到过几次大的冲击。弘扬优秀传统文化，需要文化人士投身其中，但唯有让大众乐于接受传统文化，文化人士的所有努力才有最终价值。有人说我爱讲“段子”，其实我是在讲故事，希望用生动的语言争取听众。今天我们更重要的使命，是把历史文化前世今生的故事讲给大家听，告诉人们古代文化与现实生活的关系。这套丛书为了达到“轻阅读、易传播”的效果，一改以文史专家为主作为写作团队的习惯做法，邀请省内外作家担任主创团队，组织文史专家、文艺评论家协助把关建言，用历史故事带出传统文化，以细腻的对话和情节蕴含文化传统，辅以音视频等其他传播方式，不失为让传统文化走进千家万户的有益尝试。

中华文化是建立于不同区域文化特质基础之上的。作为中国的文化古都，杭州文化传统中有很多中华文化的典型特征，例如，中国人的自然观主张“天人合一”，相信“人与天地万物为一体”。在古代杭州老百姓的认知里，由于生活在自然天成的山水美景中，由于风调雨顺带来了富庶江南，勤于劳作又使杭州人得以“有闲”，人们较早对自然生态有了独特的敬畏和珍爱的态度。他们爱惜自然之力，善于农作物轮作，注意让生产资料休养生息；珍惜生态之力，精于探索自然天成的生活方式，在烹饪、茶饮、中医、养生等方面做到了天人相通；怜惜劳作之力，长于边劳动，边休闲娱乐和进行民俗、艺术创作，做到生产和生活的和谐统一。如果说“天人合一”是古代思想家们的哲学信仰，那么“亲近山水，讲求品赏”，应该是古代杭州人的生动实践，并成为影响后世的生活理念。

再如，中华文化的另一个特点是不远征、不排外，这体现了它的包容性。儒学对佛学的包容态度也说明了这一点，对来自远方的思想能够宽容接纳。在我们国家的东西南北甚至是偏远地区，老百姓的好客和包容也司空见惯，对异风异俗有一种欣赏的态度。杭州自古以来气候温润、山水秀美的自然条件，以及交通便利、商贾云集的经济优势，使其成为一个人口流动频繁的城市。历史上经历的“永嘉之乱，衣冠南渡”，“安史之乱，流民南移”，特别是“靖康之变，宋廷南迁”，这三次北方人口大迁移，使杭州人对外来文化的包容度较高。自古以来，吴越文化、南宋文化和北方移民文化的浸润，特别是唐宋以后各地商人、各大商帮在杭州的聚集和活动，给杭州商业文化的发展提供了丰富营养，使杭州人既留恋杭州的好山好水，又能用一种相对超脱的眼光，关注和包容家乡之外的社会万象。这种古都文化，也代表了中华文化的包容性特征。

城市文化保护与城市对外开放并不矛盾，反而相辅相成。古今中外的城市，凡是能够吸引人们关注的，都得益于与其他文化的碰撞和交流。现代城市要在对外交往的发展中，进行长期和持久的文化再造，并在再造中创造新的文化。杭州这套丛书，在尽数杭州各色传统文化经典时，有心安排了“古代杭州与国内城市的交往”“古代杭州和国外城市的交往”两个选题，一个自古开放的城市形象，就在其中。

“杭州优秀传统文化丛书”在传统和现代的结合上，想了很多办法，做了很多努力，他们知道传统文化丛书要得到广大读者接受，不是件简单的事。我们已经走在现代化的路上，传统和现代的融合，不容易做好，需要扎扎实实地做，也需要非凡的创造力。因为，文化是城市功能的最高价值，也是城市功能的最终价值。从“功能城市”走向“文化城市”，就是这种质的飞跃的核心理念与终极目标。

单霁翔

2020 年 9 月

（单霁翔，中国文物学会会长）

南屏烟雨图（局部）

目　录

第七章

此人之后浙茶再次成为贡茶

第八章

有钱有闲才能玩的好茶比拼大会

第九章

日僧成寻在杭州与茶结缘

第十六章

当之无愧的西湖龙井品牌推广大使

第十七章

九曲红梅因战乱北上终落户杭州

第一章

第一个将茶加水煎煮的人

直到今天，桐庐仍流传着“桐君云山探雀舌，富春碧水煮龙团；君山凝成云雾质，仙庐飘出万里香”的联语，而桐君在桐庐采药、制茶的传说，说明了桐庐是杭州地区原始茶、茶用药的起源地之一，桐庐产的茶也因此远近闻名。这一切，要从两个年轻人与桐君的缘分说起。

一、初上山，认识茗

看着碗中青绿且冒着热气的汁液，两个年轻人面面相觑，都不敢下口。他们抬眼瞧了瞧面前的小童，终于抵不住喉中的干涩，举起碗轻抿了一口。谁知那汁液刚到舌尖，就有一股苦味在嘴里漫开，且愈发浓烈……

一刻钟前，这两个年轻人还不在此处——

炎炎夏日，山间的蝉鸣此起彼伏，吵得人心烦。两个人影顶着日头在这杳无人迹的山间攀缘，毒辣辣的日头下，如果能来碗水解暑就好了，可惜环顾四周，乱石聚堆，草木丛生，哪里有半点溪水的影子。

“到了没有？”出声的这个是耐心不足的申君，他拄着根随手捡来的木棍，说话间，豆大的汗珠没入苎麻制成的衣衫内，“爬了这么久，该到那冒烟的地方了吧？屠君，我好渴……”

被唤作屠君的人听见“渴”字，也抿了抿干裂的嘴唇，安慰同伴说：“快了，翻过这岭应该就到了，我倒要瞧瞧这深山怎的能无故生烟。”申君一听翻过山岭就到了，看了看近在眼前的山岭，顾不得腿脚酸软，直往岭上奔去。屠君跟在他身后，时时提防，担心林中蹿出野兽。

翻过山岭便是一处山谷，谷中的景象让心急火燎的两个年轻人莫名静下心来。山谷的东侧生长有一棵弯曲的桐树，枝丫层叠蔓延，一簇簇叶片组成庞大的树冠，树下荫蔽竟有数亩，远远望去，好似一间庐舍。

申君与屠君正在感慨从未见过这么大的桐树时，从树下飘出了一股白烟，袅袅地向天空飘去。申君最先按捺不住，拔腿就往下跑去，口中喊道：“屠君快瞧，就是那烟，我们终于找到山上冒烟的原因了……”

桐君山春意浓（老照片）

屠君紧随其后，内心同样十分激动。这几日，兄弟二人在村中劳作时，总能看见这山中飘出白烟。起初他们以为是打猎的村人生火用了湿柴，后来发现这烟出现得极有规律，一日三次，就连时间都差不多。这引起了两人的好奇心，决定来山上一探究竟。

走近那参天的桐树，更觉那树冠巨大，繁密的枝叶间少有阳光透入。他们循着那白烟寻去，看见不远处有一名小童正坐在火旁煎煮着什么东西。难道白烟就是煎煮的东西飘散出来的？屠君正疑惑着，前方的申君已经跑到那名小童跟前，敞开嗓门问道："小童，我瞧你身旁有些陶罐，有水没有，能否给一碗润润喉？"

屠君倒吸一口凉气：这荒郊野外的，你倒像在自己家里那般放心讨水喝，真是个没心眼儿的。

小童拍了拍身上的草木灰，边起身边问："你口渴？我正好煎了茗，你们喝一碗就不渴了。"茗？这是个什么东西？申君与屠君互相用眼神询问，一脸疑惑。

那名小童从身旁的木架上拿下一把竹勺，伸入陶罐中舀出些液体盛在两个木碗里，将碗递给申君与屠君，催促道："快喝吧，很解渴的。"

碗中的液体呈青绿色，还冒着热气。看着碗，申君与屠君心里直犯嘀咕：这是什么水，怎么还是绿色的，能喝吗？两人犹豫着望向对方，还是一咬牙低头尝了一口。

"啊，好苦！"申君先忍不住，两个字评价了碗中液体的口感。屠君也觉得口中苦味久存，十分不适应。然而，刚叫完苦的申君，口中开始回甘，一股清香沁人心脾。

他舔舔嘴唇，苦味已散，只有余香。

“这叫什么？茗？这茗还挺香。”申君说着，端起木碗一饮而尽。屠君也回过味来，同样将碗中剩余的茗倒入口中。神奇的是，平时他们在地里劳作需一整罐清水才能解渴，此时竟然只喝了两碗茗就止住了口渴。

屠君看向小童，礼貌问道：“我们是这山下的农户，这几日看山上白烟袅袅，颇有规律，就想着来查探缘由。看你年纪尚幼，却为何一个人在这生火，还熬煮了这生津止渴的茗？”

“这茗是我师父独创的，对人大有裨益，可惜他此时采药去了，你们无缘一见。”小童接过二人手中的碗，整整齐齐地码在一旁的竹架上，继续道，“那烟是我每次烧火煎茗时飘出去的，不是什么大事，这大热的天，你们快回去吧！”

申君一听他师父是采药的，立刻来了精神，问道：“小师父，既然你师父是采药的，我倒是有个问题想要请教。我们兄弟俩这几天总是不思饭食，有没有什么好药能治？”那小童听了他的话，不假思索地又舀了几勺茗，却不是放在碗中，而是倒在一个有盖的竹管内，交给申君，示意这就是治他们病症的好药。

屠君打开盖子闻了闻，和刚才喝的茗没什么两样，苦笑道：“小师父，这解渴是茗，这治病怎么还是茗？”那小童一脸正经地答道：“就算是我师父在，听说你们不思饭食，也是让你们喝这茗的。你们回去喝两次，若是不见好，再来就是。”

既然弄清了白烟的来源，又领了治病的药，申君与屠君也没必要久留，他们将信将疑地盖上竹管的盖子，谢过那名小童，告辞离去了。快到村落时，二人口渴难耐，干脆将竹管中的茗一口气喝完了。

这晚，好几日不思饮食的两人狼吞虎咽吃了好些食物，家人都惊讶于他们突然的转变，只有他们自己知道其中的玄妙。

二、再上山，识桐君

几天后，申君与屠君做完农活，再次登山，想要亲自感谢那小童与他的师父。

登上山岭，放眼望去，那日日冒白烟的山头巍然直压山下两江（即今天的分水江与桐江），庞大的山体往江口一堵，恍若渴鲸入水。申君与屠君轻车熟路地来到那棵桐树底下，惊奇地发现，树下除了那名小童，竟然还坐着一位老者，想必就是小童口中的师父了。

二人上前说明来意，对小童师徒表示了感谢。屠君心思细腻，临走前问那仙风道骨的老者："不知师父姓甚名谁？"老者笑而不语，却伸出手来指了指头顶的桐树。

屠君不明所以，却也没有贸然再问，而是与申君一起回村。这次，他们将山中的见闻告诉了家人，家人又将此事说给了邻居听。没几天，整个村落都知道了山中隐居着一位能治病的老者。为了方便称呼，结合那老者手指桐树的动作，大家便都称他为"桐君"。

慢慢地，上山采药的人也时常遇见桐君，桐君还会为他们答疑解惑。一来二去，村人们便邀请桐君来村中做客。他虽没有答应，却时常为村人免费看病。久而久之，大家都知道桐君医术好，也都尝过那不知是何物煎煮出来的“茗”。后来村民们才知道，原来这茗就是当地土生土长的一种植物，大家对它再熟悉不过，却无人将它加水煎煮来饮用，更不知它还有生津止渴、帮助消化的功效。

桐君在此地运用丰富的药学知识，救了许多人的性命，更教会了他们辨药用药。正巧这地方也没有名字，为了感谢桐君，当地人便把长有桐树的那座山叫作“桐君山”，将他们这块地方称作“桐庐”了。

相传，桐君是黄帝的医官，是上古时期的神医。他一生采药、辨药无数，后人根据他的研究编成的《桐君采药录》是我国有文字记录的最早药物著作之一，流传

桐君録西陽武昌廬江晉陵好茗皆東人作清茗茗
有餑飲之宜人凡可飲之物皆多取其葉天門冬拔
揳取根皆益人又巴東別有眞茗茶煎飲令人不眠
俗中多煮檀葉并大皁李作茶並冷又南方有瓜蘆
木亦似茗至苦澁取爲屑茶飲亦可通夜不眠煮鹽
人但資此飲而交廣最重客來先設乃加以香芼輩
坤元録辰州溆浦縣西北三百五十里無射山云蠻
俗當吉慶之時親族集會歌舞於山上山多茶樹
括地圖臨遂縣東一百四十里有茶溪

《茶经》中关于《桐君采药录》的相关记载

至今，传播甚广。

唐代诗人刘禹锡有“炎帝虽尝未解煎，桐君有箓那知味”的诗句，虽然诗意是说炎帝（神农氏）首尝茶叶却并不懂得煎茶，桐君虽然对茶有过记载却未必懂得茶中真味，但我们也可从中发现桐庐产茶的悠久历史，桐君与《桐君采药录》的关系并非空穴来风。

陆羽曾在《茶经·七之事》中引用《桐君采药录》云：“酉阳、武昌、庐江、晋陵好茗，皆东人作清茗。茗有饽，饮之宜人……”可见，当时对于好饮茶的“东人”而言，大多是饮用对身体有益的“沫饽”，而“清茗”这种取叶煎煮的做法，更像是桐君这类医家的手笔。[①]

参考文献

1.〔清〕吴世荣主修，政协建德市委员会、建德市档案馆编，曹剑秋点校：《光绪严州府志》，浙江古籍出版社，2017年。

2. 宗璞：《西征记》，人民文学出版社，2009年。

3.〔宋〕祝穆撰，〔宋〕祝洙增订，施和金点校：《方舆胜览》，中华书局，2003年。

4. 杭州市茶文化研究会编：《杭州茶文化发展史》，杭州出版社，2014年。

①《杭州茶文化发展史》，第51页。

第二章

唐代的天目山茶测评诗

在杭州天目山的东北面，有一个爱茶之人的向往之地——太湖源镇东坑村（今杭州市临安区东北部）。此地依山傍水、群山连绵、云雾缭绕，是适合种植茶树的好地方。因为常年被云雾笼罩，此地产的茶便被称为“天目云雾茶”，也称“天目青顶茶”。

天目青顶以味道鲜醇爽口、形似兰花而闻名。早在唐代它就被列为上品，诗僧皎然答谢好友赠茶的诗《对陆迅饮天目山茶因寄元居士晟》就是对天目青顶的一种见证。而在明代，这种茶还被列为“贡品茶”。

一、元晟探天目青顶

太湖源镇东坑村向来就有“江南野茶第一村”的美名。唐代时，著名隐士元晟对“东坑茶叶西坑水”的东坑村有所耳闻，他听说那里盛产一种名为“天目青顶”的好茶，爱茶之人常去那里采茶饮茶，心向往之。

那时，元晟隐居在杭州的於潜县，心想两个地方离得这么近，有机会可以去一探究竟。

待到四月，正是采茶好时节。元晟收拾行装立即向东坑村出发，一路青山绿水、鸟语花香，令人心旷神怡。

经过长途跋涉，他终于到了。只见群山连绵，村落隐于群山之中。

元晟来到村口歇脚的亭子，正欲打探天目青顶茶的情况时，迎面走来一位青年。

“郎君，请问这天目青顶茶在何处采摘？”

“你这可就问对人了，我正好要前往茶园，不如你就跟着我过去吧。”这位青年颇为好客，丝毫不推辞。

元晟急忙谢道：“多谢多谢！”

入唐以来，江南的粮食产量较前朝提升不少，市面上粮食充裕且价格不高，这意味着一些农民可以将部分种粮的土地转种一些性价比更高的作物。茶是个不错的选择，起初农人只是种些茶以贴补家用，后来逐渐增加了种植面积，甚至有些农人还动了以种茶为业的心思。一来二去，江南渐渐出现许多专门种茶为生的茶园户。想来，给元晟带路的这位青年便是其中之一了。

走在去茶园的路上，青年忍不住向元晟夸赞村里茶的品质：“你要是专门来喝茶的，那可就来对了。我们这里依山傍水，常年云雾笼罩，非常适合种植茶树，味道自然是数一数二的。那些茶树就生长在周围的山坞里，我们一般都不怎么打理，任其自由生长，这样才得野茶滋味。”

“原来如此，多谢解说。”元晟点点头谢道。

天目山上登高远眺

不一会，他们就到达了茶园，四下里云雾缭绕，好似仙境，有不少村民正在采摘茶叶。

青年又开始大力宣传他们村的茶了："我们虽然放任茶树自由生长，但对于茶叶的采摘可是有严格规定的。一棵茶树，我们只取最上面的嫩芽，芽叶还必须均匀整齐，这样制出的茶才能'条索紧细，色泽鲜绿，匀齐挺直，状如松针'。"

看见村民们一人背着一个茶笼，元晟心想：若只取茶树最顶的嫩芽，即使采茶速度很快，这样一筐茶恐怕也得采上大半天。

元晟看了一会儿采茶，青年拍拍他的肩膀："我看你对这茶挺感兴趣，不如随我一起去观赏制茶的过程？"

元晟喜不自胜："好，好，若能亲眼见识如何制茶，那真是三生有幸。"

随后，他们便去往镇上的茶坊。

茶坊里正有条不紊地制作着茶叶。茶工们将刚采来的叶子放进箅（小篮子）中，置箅于甑（木质的圆桶）中，再把甑放在锅上，锅里面装好水，等水烧开以后就用文火蒸茶。

“他们正在蒸茶，等茶菁蒸熟后就要趁热放在杵臼中捣碎，捣得越细越好。你看那边的茶工，现在就在捣上一锅的茶叶。”青年介绍道。

他又指着场坝里晾晒的茶饼说：“接下来将捣碎的茶泥倒入模具中，在茶模下放置襜布（表面光滑的绸布），襜布下放受台，使模固定不滑动。再用力拍压茶叶，让茶饼紧实平整。”

“晾晒不干的茶饼还有烘焙一环，得在地灶上架焙茶棚，再次对茶叶进行烘制，这样才能使茶叶便于保存，不易变质。茶烘好之后，就用篾绳把茶饼穿起来，存放在竹制的器具中保存起来。瞧！”说着，青年便拿出之前制作好的团茶给元晟看。

“受教了，没想到这茶叶里的学问还不少呢！平时光顾着去吃茶了。”元晟挠挠头，这次可真是踏踏实实地上了一堂制茶课。

“这块团茶就送予你这个有缘人吧！”青年大方地将团茶送给了元晟，不愧是大户家人，出手真是阔绰！要知道，这团茶在唐代是很珍贵的。

“如此，便多谢兄台了。”话是这么说，临走时元晟还是放在了些钱在桌上。

二、皎然写茶测评诗

回家后，元晟将团茶一分为二，其中一半派人送给自己那嗜茶如命的好友皎然，还附信一封，将自己在东坑村的所见所闻写在了信里。

皎然收到茶后很是欢喜，但一直没舍得喝。

这天，正好老友陆迅来了。

“你来得正是时候。前些日子我得了些天目山的好茶，正愁无人共饮。”说罢，皎然就将团茶取了出来，将煮茶的家伙都准备好。

桌上有序摆放着二十种茶具，用于生火、烧水与煮茶的有风炉（形状像古鼎）、承灰（铁制的三足盘）等，

天目青顶

用于烤茶、量茶的有罗合（筛选茶末的用具）、碾（类似药碾，能将烤过的团茶碾成粉末）等，还有用于取炭的火箧（火筷子）。

两人入座，皎然负责煮茶。经过备茶、备水、生火煮水、调盐、投茶等多道工序，陆迅手中才得一碗茶汤。趁热品尝，刚烹好的茶“珍鲜馥烈”，沫饽就像枣花般浮在水面上，又像在深潭回转。

陆迅感叹道：“真是好茶！”

“这天目山茶的确为茶中上品。”皎然心想：元晟送了如此好茶给我，该怎样感谢他好呢？

皎然这人向来淡泊名利、坦率豁达，不喜迎来送往的俗套，之前还写过“不欲多相识，逢人懒道名”这样的诗句，此时却为了答谢元晟的天目山茶沉思起来。想来想去，他决定写首诗赠予元晟，《对陆迅饮天目山茶因寄元居士晟》便是思索后所得，其诗如下：

喜见幽人会，初开野客茶。
日成东井叶，露采北山芽。
文火香偏胜，寒泉味转嘉。
投铛涌作沫，著碗聚生花。
稍与禅经近，聊将睡网赊。
知君在天目，此意日无涯。

诗句不仅交代了天目山茶采摘、烘焙、煎煮的过程与功效，将好友元晟在信中所述的采茶场景生动地描述出来，还在诗句的最后表达了自己对好友的怀念之意。

这首诗现在已成为天目山茶在唐朝时就已经富有名气的一种见证。

参考文献

1. 杭州市茶文化研究会编：《杭州茶文化发展史》，杭州出版社，2014 年。

2. 朱家骥：《钱塘江茶史》，杭州出版社，2015 年。

3. 〔清〕彭定求等编校：《全唐诗》，中华书局，1960 年。

第三章

『江南禅林之冠』的决胜要义

一千多年前，径山寺开山祖师法钦的一个无意之举，让径山山谷长满了一种神奇的植物——茶。此后，在一代代禅师的继承和发展中，径山茶逐渐名扬天下。正是因为径山寺的众多禅师对径山茶的不断发扬与创新，才有了今日的径山茶，也是因为径山茶吸引了全国各地的僧侣前来求道，才使得径山成为“江南禅林之冠”。可以说，“茶”是径山成为“江南禅林之冠”的决胜要义，实际上，这也是“禅”与“茶”的一种互相成就。

一、机缘巧合下诞生的绝世名茶

一千多年前，余杭径山寺开山祖师法钦禅师在寺庙附近无心种下的数株茶树，在岁月的流逝中经过一代又一代的禅师传承，逐渐演变成了世界名茶——径山茶。

唐开元二年（714），一个婴儿在一户姓朱的人家呱呱坠地，他就是日后径山寺的开山祖师法钦禅师。这名朱姓小伙的家中长辈都喜好儒学并以儒学为业，所以他一出生长辈们就对他在儒学上的成就寄予了厚望。在家庭环境的影响下，他自幼便研读了许多儒学经典，学识渊博，此后更多有涉猎，甚至还研究过佛法并逐渐喜欢上了这门学问。他在当地颇有名气，乡里选拔人才时就把他选了上去，但始终没有太大的作为。

一晃便到了开元二十四年（736），朱生已经二十二岁了，他思来想去，觉得自己老在家里待着也不是个办法，就和家人商量，决定去京城考个一官半职。朱生行动很快，第二天一早，他就收拾行囊准备出发了。

出门前，朱生的父母和天下的父母一样，对他是千叮咛万嘱咐：“一个人在外面一定要好好照顾自己，如果实在考不上就回来当个教书先生吧。”说着说着，母亲已经忍不住掩面哭泣了。

朱生心中感慨万千，千言万语最终化为一句话：“爹娘，你们放心，孩儿知道了！孩儿定不负爹娘所望！”说完便出门东去，此刻，日光照耀下的他显得坚定又决绝，有一股不衣锦还乡誓不罢休的气势。

径山寺

只不过，朱生去往京城的路途并不顺畅，刚出家门时的豪情壮志在坎坷的旅途中慢慢地崩溃瓦解。目标是定下了，人也在路上了，但他忍不住东想西想，甚至开始怀疑自己：自己已年过二十，事业未成，前路茫茫，究竟还要不要把谋取功名作为一生目标？朱生的心情一天比一天郁闷。

一天，朱生在路上听说玄素禅师在附近传道，非常兴奋。鹤林寺的玄素禅师是顶顶厉害的人，他在刚接触佛法的时候就对其非常仰慕。朱生心想：倘若能得玄素禅师指点一二，也算不虚此行了。他快马加鞭赶去玄素禅师传道的场所，希望能和大师当面交流。

玄素禅师是德高望重的僧人，为了表示尊敬，慌忙赶到后，朱生还特地整理了一番仪容。见到玄素禅师后，朱生表面风平浪静，实则心里风起云涌。行礼后，他上前问道："我心中对于未来十分困惑，不知大师可否指点一二？"

玄素禅师双手合十，轻声道："善哉善哉！佛性平等，众生皆可教化，施主有何疑问，但讲无妨。"

一番交流后，朱生茅塞顿开，心想：钻研佛法是我所好，何必强求自己踏入仕途，与其在仕宦路上浑浑噩噩，不如就和玄素禅师一起到寺庙修行，寻求本心。于是，朱生便跟随玄素禅师出家，修行"牛头禅"，日夜不懈。

虽然朱生得了法号"法钦"，却并未受戒。一日，他准备四处游历参访佛理，前去向恩师辞行，并希望师父能指点他去向。玄素禅师笑道："你就去余杭龙泉寺法仓律师处受戒吧，只需顺流而行，遇径则止。"

唐天宝元年（742），法钦来到余杭径山脚下。他不知山名，便拦住路边一位樵夫："这位施主，请问此山何名？"

樵夫瞧他僧人打扮，还了个礼，答道："这是去天目山的必经之路，名为'径山'，也叫'径坞'。"

闻言，法钦确定这就是师父所说的"遇径则止"处，于是登山结庐而居。

这年冬天，法钦一度无粮可食，但他宁愿挨饿也不愿杀生，十余日后仍安然无恙。附近的农户与猎人听说后纷纷上门接济斋粮，还毁弓相投。此后，法钦便开堂传法，引得四方不少信徒前来拜谒。

至唐大历三年（768）时，径山已因法钦而名声大振，闻名江南。同年，法钦奉诏进京问法，唐代宗赐号"国一大师"，就连李泌、徐浩、陈少游等名臣都随他学法。第二年，法钦要回径山了，唐代宗还命人重新修建了径山上的庙宇，并赐名"径山禅寺"。

法钦在径山开山弘法时，不仅精于修持，还勤于茶事，常常亲自种茶供佛。

唐代时有"以茶供佛"的禅规，法钦在径山寺定居后，勤勤恳恳地施行此项禅规。日子一长，他发现从外面买茶开销巨大，寺里还有僧人要养活，有时难免捉襟见肘。他思前想后，便决定自己种茶，一来能给寺院节省开支，二来自己也能活动活动筋骨。于是他在径山寺旁开辟茶园，亲手种植了数株茶树。法钦种茶的初衷只是想采茶供佛，不曾想，茶园里的茶树没几年便已蔓延山谷，在径山上繁盛起来。

看着满山谷的茶树，法钦想：这么多的茶树不利用起来就太可惜了，得想个两全齐美的法子，既能把这些茶用到实处，又能使寺庙兴旺起来。他立即召集弟子，集思广益，策划方案，最终大家一致认为可以用这茶办一个“茶汤会”，让寺里的僧人与前来上香的香客一起品赏鉴评茶叶，用这种方法吸引百姓来寺里上香，还可以在品茶时弘扬佛法。这样的茶汤会既能吸引信徒，又能弘扬佛法，何乐而不为呢？

在没有广告的年代，凭着人们的口口相传，这个饮茶传法的茶汤会逐渐演变为“径山茶宴”。径山茶宴的出现，成了径山禅茶文化的开端。想必法钦自己也没想到，手中这杯不起眼的茶水，竟会成为“径山茶”，并在一千多年后闻名世界。

靠着几代禅师的传承和创新，径山茶宴逐渐演变出几套完整的程序，并盛行于宋朝。

每逢重大节日或有贵客来访径山寺时，寺里就设大

径山茶

堂茶会来接待。大堂茶会通常包括张茶榜、击茶鼓、设茶席、礼请主席、礼佛上香、行礼入座、煎汤点茶、分茶吃茶、参话头、谢堂退堂等环节。住持亲自为宾客冲点“佛茶”，以示敬意，这就是茶宴的第一个步骤——“点茶”。接下来则由寺僧们依次将香茗捧给来宾，这就是茶宴的第二个步骤——“献茶”。献茶之后，茶已在宾客手中，大家可以观赏茶汤的色泽，此一步谓“观色”。观色后就可以品尝茶的味道了，这一步称为“尝味”。茶喝完了，宾客便由住持和寺僧领着论佛诵经、谈事叙谊，这个步骤被亲切地称为“叙谊”。至此，径山茶宴的一系列程序就完美完成了。

二、在传承中进击的“小茶叶”

在径山寺一千多年的历史中，经历了一百多位禅师，其中最知名的还要数第十三代住持大慧宗杲禅师。

如果说法钦禅师促成了径山禅茶文化的萌芽，大慧宗杲禅师就是兴盛了径山禅茶文化并将其推向辉煌的人。

宗杲禅师从小就聪敏好学。在他生活的北宋时期，佛教兴盛，宗杲禅师的母亲便是一位十分虔诚的佛教信徒。因受环境的影响，耳濡目染，宗杲禅师从小就表现出对佛学的喜好。巧合的是，距离宗杲禅师求学的学堂不远处，正好有一座在当地颇具规模的寺院——惠云禅院。这座禅院香火鼎盛，院中有一位慧齐法师，佛法高深。宗杲禅师读书之余常去惠云禅院聆听慧齐法师讲经说法。

一次，宗杲禅师因和同学嬉戏打闹，失手误伤了先生。这位先生脾气不好，不仅大骂宗杲禅师，还一气之下将他赶出了学堂。因为这件事，宗杲禅师也没心思继续读书了，干脆放弃仕途之道，转拜慧齐法师为师，专心向佛。

北宋崇宁四年（1105），宗杲禅师遁入空门。不久，他便因灵根早具、慧性颖出而被授以具足戒，成为一名比丘。

出家以后，宗杲禅师以极大的热情在佛学的海洋之中遨游。他经常购买禅宗诸家语录来阅读，还喜欢云门睦州的禅语机锋。在广泛阅读各家禅宗语录的情况下，宗杲禅师的佛学水平很快达到他的师父都未企及的高度，慧齐法师已不能为宗杲禅师答疑解惑了。于是，宗杲禅师从慧云禅院“毕业”，外出寻访名师。

几经周折，宗杲禅师最终投身于临济宗黄龙派门下，在文准禅师座下习禅。宗杲禅师学习禅法如有神助，文准禅师常称赏他说：“宗杲啊，你以后在佛法上一定可以大有成就的。”

有了师父的称赞，宗杲禅师学习得更起劲了。只是好景不长，北宋政和五年（1115），文准禅师就去世了。好在师父去世前给宗杲禅师想好了出路，让他去参访四

大慧宗杲禅师像

川临济宗杨岐派的佛学大师圆悟克勤，这也为他后来将"禅茶一味"的理念带去径山埋下了伏笔。

就这样，宗杲禅师再度开启自己的寻师之路。

在圆悟克勤这位佛学大师的悉心传授下，宗杲禅师在佛学、参究公案等方面都有所长进。他犹如一块璞玉，经过慧齐、文准、克勤等禅师的悉心打磨后，开始闪现熠熠光辉。在求学问道的过程中，宗杲禅师创立了"看话禅"（拿参禅者平生怀疑的问题来参究），因此名声大振。

圆悟克勤禅师和当时的右丞相张浚关系一直不错，在四川时圆悟克勤禅师就曾向张浚推荐过宗杲禅师。他说："杲首座已经得到了佛法精髓。如果他不出山，就没有能支撑临济宗的人了。"于是在南宋绍兴七年(1137)，张浚回朝后便邀请宗杲禅师出任临安（今杭州）径山寺住持。

此时的径山寺早已不像开山祖师法钦禅师在任时那样香火鼎盛了，寺里的僧人都很懈怠，寺里参悟的禅道也不合宗杲禅师的心意。接到邀请后，宗杲禅师就决定，到了径山寺后要按照自己的想法大干一场。

都说新官上任三把火，宗杲禅师到径山寺后只休整了半天，就召集全寺僧人到院里开会。

"想必大家都知道我出身临济宗杨岐派，师父圆悟克勤禅师一向倡导'禅茶一味'的思想。当初，法钦禅师建寺后，径山寺的饮茶之风便逐渐兴起，但我到寺后却发现寺中饮茶之风并不兴盛。为了让径山寺再复往日辉煌，我决定大开茶禅之风，把种茶、制茶、茶宴融入禅林生活。大家怎么看？”

一名僧人小心翼翼地说：“我赞同住持的想法。”随后，众僧附和。

自此，径山寺再次兴起饮茶之风。

不仅如此，宗杲禅师还在径山寺大讲其主倡的“看话禅”，一些崇拜宗杲禅师的爱禅之人慕名而来，这给径山寺带来了许多信众，径山寺一时门庭若市。宗杲禅师声名远扬，在禅林中的影响也越来越大，有名僧人、宫廷显贵、文人墨客纷纷慕名而来，径山寺便经常举办用以招待来寺高僧及名流的茶宴，朝廷也曾多次在径山寺举办茶宴来招待重要人物以及进行社交活动。

每年春天，僧侣们经常在寺内举行茶宴、坐谈佛经，茶宴的举办地点便是大慧宗杲禅师所建的明月堂。慢慢地，径山茶宴形成了一套完整的流程。

正因为宗杲禅师，径山茶宴逐渐名扬天下，径山寺也因为吸引了无数僧人前来求法而被誉为“江南禅林之冠”。随之而来的就是径山茶渐渐被人们所熟识并最终闻名于世，甚至还有东瀛的僧侣远渡重洋专门到径山求教“禅茶一味”。

三、漂洋过海学会饮茶法

中日两国是一衣带水的近邻，自古以来就有着友好交往的历史，文化交流源远流长。南宋时，径山寺作为“江南禅林之冠”名声在外，吸引了无数仰慕径山禅风的人前来求法，其中也不乏日本僧人。

这些日本僧人在径山求法，为“禅茶一味”所折服，他们归国时往往将禅法与饮茶法一起带了回去。日本的茶道文化已有数百年历史，这种文化最初便是吸收了南宋的禅院茶礼后发展起来的。

南宋端平二年（1235）四月的一天，万里无云，随着几声号子响起，一艘来自日本平户的海船驶向明州（今浙江宁波）港。船靠岸后，自船舱里走出两个互相搀扶的僧人。

两人都是日本僧人装束，似有些晕船，正在彼此问询。

“荣尊禅师，你还好吗？”

“圆尔辨圆禅师，靠岸后我已感觉舒适不少，在海上漂泊了这么多天，我们终于到大宋了。”

原来，开口问话的这人就是后来有名的圆尔辨圆禅师。这位禅师和众多入宋的日僧一样，既要学习佛教的禅宗、戒律，还兼学文化、文学与艺术。他还效仿百年前的遣唐使，将南宋的茶及茶礼、诗文、绘画等统统带回了日本。

圆尔辨圆与荣尊初到宋境，并无明确的目的地。他们打点行装，准备一路北上参访各大名寺。一路上，他们将江南的各大伽蓝游了个遍，名师望德也见了不少。

这一日，他们进入临安境内。圆尔辨圆一打听，这里的灵隐、天竺、净慈等寺闻名遐迩。他与荣尊一商量，准备虚心求教，前往这几座寺庙学习佛法。

他最先参访的是景福院，因景福院戒律森严，所以圆尔辨圆就向院内的月舟禅师请教佛寺戒律，渴望有所领悟，助自己修行。在景福院跟随月舟禅师学习戒律一段时日后，他们又参访了天竺寺，在柏庭善月禅师处受天台教。

一日，圆尔辨圆正在修习禅法，柏庭善月禅师却打断了他，说："你来天竺寺的时间也不短了，我观你日夜修习，似乎总是不得法门。你可知径山寺的无准师范禅师？或许他能解你心中疑惑。"

圆尔辨圆双手合十，还了个佛礼，谢道："多谢禅师指点迷津，我这就收拾行装去径山寺拜见无准师范禅师。"

当时，天竺寺的僧人们正在忙各自的事情，圆尔辨圆从平常修习的禅房出来，迅速打点好行李就出了寺门。他站在天竺寺山门前行了一个礼，听到寺中隐隐约约的诵经声，头脑中更清明了，心想：早就听闻无准师范禅师精研佛理，或许只有跟随他，我才能参悟大道。

第二天清晨，径山寺的僧人正打开山门准备洒扫，发现一名背着行囊的僧人早已候在门外。来人正是圆尔辨圆，他求知若渴，连夜赶路，到径山寺时天刚蒙蒙亮。

寺僧问明他的来意，便领着他去找无准师范禅师。

无准师范禅师端坐在蒲团上，一见圆尔辨圆，只询问了两三句，就点点头说："给他收拾一间禅房住下。"领路的僧人十分惊讶，无准师范禅师对圆尔辨圆"一见器许"的态度是以前从未见过的。

圆尔辨圆就此在径山寺住下，他与无准师范禅师初次相见时的场景也在寺内传开了，大家都知圆尔辨圆虽居侍位，却并非侍者，无准师范禅师都唤他作"尔老"。

柏庭善月禅师的提议果然不错，圆尔辨圆只有跟着无准师范禅师，他的佛理才能大有所成。寒来暑往，圆尔辨圆一心在无准师范禅师门下参禅修道，不觉已有三年，其间，他受无准师范禅师授意主持过几次茶宴。

圆尔辨圆对这种茶宴十分感兴趣，一心想参透并传回日本。此时的径山茶宴已经完美地将禅院清规、儒家礼法、茶艺技法融为一体，达到了茶文化、禅文化与礼文化的高度统一。圆尔辨圆痴迷其中，不仅对径山茶宴的步骤了如指掌，还亲自培育茶树、采摘茶叶、制作茶汤。

南宋淳祐元年（1241），圆尔辨圆佛法大成，茶法也称得上精通，他已经迫不及待地想要把径山茶宴带回家乡。

临走时，无准师范禅师赠他《禅院清规》一部和径山茶种若干，还将饮茶方法写下来让他带回国传播，更亲自为他写了一篇印可状（禅宗认可修行者的参悟并允其嗣法的证明）："道无南北，弘之在人。果能弘道，则一切处总是受用处。不动本际而历遍南方，不涉外求而普参知识，如是则非特此国彼国，不隔丝毫。至于及尽无边香水海，那边更那边，犹指诸掌耳。此吾心之常分，非假于它术。如能信得及见得彻，则逾海越漠，陟岭登山，初不恶矣。圆尔上人效善财，游历百域，参寻知识，决明己躬大事，其志不浅。炷香求语，故书此以示之。"

这篇印可状的大意是：弘扬禅宗并无南北之分，也无中国日本之分，全在于个人的努力；求取禅法亦然，尽管需要名师的指点，但主要靠自己的领会。无准师范禅师希望圆尔辨圆能早日回国，“提倡祖道”。[①]

圆尔辨圆在宋朝学习禅法七年后回国，行囊中装着径山茶种，心中装着径山茶礼，可谓是满载而归。

回国后，圆尔辨圆将茶种栽种在他的故乡，还培育出了日本碾茶（抹茶的原料茶）。在日本的诸多寺庙参访时，他不吝将径山茶礼教给当地的僧人。就这样一传十，十传百，他带回的径山茶礼经过数百年的逐渐演变，成为今天在日本盛行的“茶道”。

可以说，圆尔辨圆是第一个真正将径山茶宴带入日本，使日本禅院茶礼开始走向完整化、规范化的僧人。

南宋开庆元年（1259），又一名日本僧人——圆尔辨圆的同乡南浦昭明来到中国学习禅法。南浦昭明也跟圆尔辨圆一样，选择进入径山寺深造，学习佛法的同时兼学茶树的栽种和制茶工艺。南浦昭明学有所成之后回到日本，开始栽种茶树、采茶制茶，并传播宋朝点茶法和径山茶宴礼仪。南浦昭明吸收了南宋的禅院茶礼，使日本的禅院茶礼彻底走向完整化、规范化。

参考文献

1. 赖永海、张华释译：《宋高僧传》，东方出版社，2019 年。

2. 杭州市地方志办公室编：《径山志》，西泠印社

①《杭州茶文化发展史》，第 290—292 页。

出版社，2011 年。

3.〔宋〕大慧宗杲禅师著，明尧、明洁校注：《大慧宗杲禅法心要——宗杲禅师书信集校注》，深圳弘法寺内部资料，2008 年。

4. 杭州市茶文化研究会编：《杭州茶文化发展史》，杭州出版社，2014 年。

第四章

杭茶文化的序幕被他轻轻拉开

杭州产茶早已为世人所知，但杭茶最开始引起人们的注意，离不开“茶圣”陆羽的测评。他长居寺庙却不愿与青灯为伴，只一心钻研茶事。

唐天宝十四载（755），安史之乱爆发，各地战火频仍，人民流离失所，社会动荡不安。在这样不太平的年月里，陆羽依然立志要完成《茶经》。他以湖州为中心，漂泊各地，只为了亲自考察茶事。他与杭州的缘分不浅，曾多次路过杭州，也曾在杭州寓居过。他爱茶，也爱盛产名茶的杭州。他尝遍了灵隐、天竺等地的茶，还将它们写进了《茶经》。正是陆羽这郑重的一笔，为杭州茶文化书写了新篇章。

一、为什么不为茶写一本书

唐至德三载（758），春。

陆羽背着简陋的行囊，里面只装了些盘缠、茶具与一套笔墨纸砚，这让前来送行的皇甫冉非常担心。

“鸿渐（陆羽的字），栖霞寺路途遥远，你就带这点儿东西怎么够？”皇甫冉大陆羽十五岁，在他眼中，陆羽既是兴趣相投的好友，也是需要照顾的后辈，便吩咐随从去多取些银两来给陆羽作盘缠。

陆羽本住在湖州，因为安史之乱离家，与皇甫冉相识，二人经过几个月的相处早已成为惺惺相惜的挚友。至德二载（757）十月，叛乱总算稍稍平定，陆羽搁置已久的“江南茶事考察计划”便再次启动了。

陆羽的计划是：乘着春茶采摘的季节出行，如果游览路线合理，可以考察好几个州的春茶的情况，而第一站就定在赫赫有名的栖霞寺。

“茂政（皇甫冉的字）不用担心，我流浪惯了，这点行李已足够。”陆羽连连劝说，让友人放宽心。

友人远行，不知何时才会再见，只愿他的访茶之路平安顺遂，得偿所愿。皇甫冉想着，打算作诗一首送别陆羽。他抬头遥望行人甚少的大路，口中吟道：“采茶非采菉，远远上层崖。布叶春风暖，盈筐白日斜。旧知山寺路，时宿野人家。借问王孙草，何时泛碗花？”[①]

陆羽从诗中体会到友人浓浓的惜别之意，他再次与皇甫冉话别，许诺终有一日会再见面，到时再一起举杯话桑麻。说完，就背上行囊，头也不回地走了。

陆羽到了第一站栖霞寺时，正赶上春茶采摘时节。他与寺内僧人打好交道，亲自参与了新茶的采摘、制作与煎煮，每个步骤都被他记在笔记上，方便日后进行整理。

从北至南，春茶采摘的时间约有两个月，陆羽在离开栖霞寺后必须马不停蹄地赶往下一站。一路上，他或

①皇甫冉：《送陆鸿渐栖霞寺采茶》。

乘船，或步行，或骑马，准备赶在茶事结束前，将附近几个有名的产茶区考察个遍，再用近一年的时间多走一些地方，多品尝一些名茶。

转眼就到了第二年的晚春时节，越往南走，骄阳的热度便越盛一分。陆羽为了避热，舍弃了宽阔的官道，不紧不慢地走在林间小径上。他盘算着自己一年来的行程：从栖霞寺开始，去过十几个产茶地，尝过几十种新茶，苏州、常州、润州、湖州、睦州等地产的茶都仔细做了笔记，在回去之前还是要抓紧时间整理一下。

他一边整理着思绪一边加快了脚步，突然看见前面一棵松树底下立着一只石桩，上有“杭州界”三字。原来，他一路南下，又辗转各地，已经到了杭州地界。

杭州人杰地灵，灵隐、天竺二寺更是鼎鼎有名。陆

陆羽塑像

羽正琢磨着找个地方隐居，整理访茶的笔记，这正是踏破铁鞋无觅处，得来全不费工夫。“先落脚杭州，将那些杂乱无章的速记整理一番，完成后再返回湖州也不迟。更何况，还有机会游历灵隐、天竺二寺，此行不虚。”

打定主意后，陆羽加快脚程，希望在日落前能找到村落或者人家，不用露宿野外。夕阳西下，步行了几个时辰的陆羽终于看见几缕炊烟从远处徐徐升起，走近了才发现是个规模不小的村落。

村民淳朴，听陆羽远道而来想要借宿，二话不说就给他安排妥当了。谈话间陆羽了解到，原来这里隶属余杭，名为苎山村。村内溪流、街巷纵横交错，村民环水而居，既有文人墨客追求的风雅，又有浓郁的烟火气。

苎山村在陆羽眼中，是绝佳的隐居著书处，已经连续奔波了好久，不如就在这苎山村暂居一段时间好了。事实上，他也确实这么做了。

村民淳朴好客，听说陆羽想在本地居住一段时间，就非常热情地帮他搭建房屋。由于只是简单的茅草屋，屋子很快就落成了。就这样，陆羽暂居在余杭苎山村，整理他一年来的访茶笔记。

屋外溪水淙淙，陆羽听着水声回味这一路所尝过的春茶或秋茶，将纸上的零星评语摘抄到新的稿纸上，每款茶都标记上地点、味道、色泽、采摘方法等。整理完成后，那些不同品种的茶仿佛都在他脑中融为一体，他兴之所至，提笔撰写起了《茶记》。

自从隐居在苎山村，陆羽每日的活动便是著书读书、赏茶品茶。这样的日子惬意万分，又有忧虑萦绕心头：

《茶记》已经完成，但自己只考察了浙西道的茶，既然没有尝遍名茶，这《茶记》写了也是白费功夫。现在天下虽不太平，但总是有机会去往南方考察茶事的，等一切尘埃落定，为什么不为茶写一本书呢？这本书不是简单地记录产地、味道、色泽，而是真正作为一个行家对各地名茶进行品评。经、史、子、集，我对茶多年的研究成果当得起一个“经”字，就叫《茶经》吧！

正当陆羽兴冲冲地准备着手写作《茶经》时，宋州刺史刘展率兵叛乱，兵锋直逼杭州。余杭城中已经屯兵准备迎战，但陆羽只是个平头小百姓，他觉得自己独身住在苎山村并不安全，决定带着书稿返回湖州。

顺着河水向北进发，一路上并不太平，陆羽害怕自己直接回湖州会有危险，决定先找个落脚点，等刘展的叛乱过去再说。这日，他来到吴山双溪镇的一个村庄中借宿。因为他是客人，又游历了众多名山大川，到了晚上，他借宿的屋子里围了许多人，都想听他说说路上的奇闻逸事。

“有点儿口渴，能不能讨杯茶喝？”陆羽说了半晌，喉咙干得像团火在烧。

村长挠了挠头，不好意思地笑着说：“客人，茶叶金贵，我们哪买得起头茬春茶，村中陈茶早就喝尽了。我们村有眼清泉，不如给你来一碗？”这话说得确实有理，陆羽想到是自己疏忽了，连声答应。

一名小童将一碗泉水递给陆羽，他接过来，尝了一口，发现这并不是寻常的清泉。只喝了一口，就有一股清香散在唇齿间，甘甜的味道让他仿佛卸下了一天的疲倦，浑身舒坦。品质这样好的泉水如果配上当地产的春茶，不知是什么滋味?

“老人家，这泉水清甜可口，有什么来头?”陆羽端着杯子，又喝了几口山泉，询问一旁的村长。

村长一听村中泉水被夸，喜不自胜，自豪地说：“这眼泉自古就在我们双溪，千百年来都没有干涸，清冽可口，直接便可饮用。”

这几句话在陆羽的耳朵里就变成了另一番模样：山泉水和寻常的井水、活水不同，它们终日处于流动状态，在山间肆意奔腾，又经过山体中沙石的自然过滤，纯净甘美，非常适合煮茶。

茶叶他随身带着一点儿，好茶、好水都有了，嗜茶如命的他准备在双溪多留一阵子。

位于浙江余杭双溪的陆羽泉

在双溪的这几个月，陆羽开始写作《茶经》，虽只开了个头，但是与《茶记》相比，已有了巨著的雏形。每日，他喜欢先去取那眼清泉的水，用滤水囊过滤、澄清，等去除其中的泥沙杂质后，才倒入水方中备用。

陆羽饮茶自有一套独创的方法，仅备茶就分炙茶、碾茶和罗茶三道工序。在生火煮水前，他还会将事先备好的木炭用炭挝（类似锤子）击碎，再投入风炉中点燃。当泉水煮沸时，他会加入少许食盐，用于之后调和茶味。等泉水滚过两遍，还要取出一瓢用于第三次沸腾时救沸，之后才加入已经碾好的茶末。

等泉水第三次沸腾时，就是“育华”环节，需及时加入二沸水，防止茶沫溢出。陆羽的饮茶标准极高，只有等茶沫渐生于水面、如花似雪时，他才会倒入碗中饮用。

就着香茗落笔，自有一番滋味。

待到深秋，战乱稍定，陆羽也再次收拾行装返回湖州，但他在苎山和双溪的故事却一直流传至今，双溪的这眼无名清泉也因他得名，被称作“陆羽泉”。

二、再游杭州收获谢客的茶和新朋友

陆羽又踏上了去杭州的路，此时是唐广德元年（763），正是春光明媚的好时节，杭州再次迎来这位匆匆而来匆匆别的客人。

一路上的舟车劳顿，丝毫没有影响陆羽的热情。他站在船头，遥望远处的青山，心中满是期待。隔着茫茫江水，他仿佛已经清晰地看见《水经注·渐江水》中的

谢灵运像

武林山。这山隐于四山之中，兼有高崖洞穴，左右共有三所石室。四周陡峭的石壁斜立，向上散开，状如莲花灿然开放。

武林山中有两大佛寺——灵隐寺与天竺寺。据说谢灵运自幼便寄居在钱唐杜明师的道观中，那道观正靠近灵隐寺与天竺寺。谢灵运曾游历天台，不惜花费功夫从葛仙师的茶园中移栽了几株茶树，就种在灵隐寺中，这事不知是真是假，这些茶树不知活了几株?

陆羽望着江水出神，想到小名客儿的谢灵运，不免让他回忆起自己的身世来。他小时候也在佛院生活多年，虽然没有受戒出家，身上却始终有着不可化解的佛缘。多年来，他嗜好饮茶，却多在佛教产茶地考察茶事。

陆羽定了定神，继续想到：上次只到了余杭就匆匆别过，安禄山和史思明那两个奸贼闹得国家不安，外出采茶都因为他们要东躲西藏。这次回到杭州，除了考察杭州的茶事，灵隐寺与天竺寺也非去不可，不知杭州茶的滋味如何?

船一靠岸，他就迫不及待地踏上码头，单薄的背影迅速消失在车水马龙中。正是春茶采摘的时候，杭州城内也上了新茶，只是贵得很。陆羽清贫，考察各地茶事一向不使钱买茶，而是直奔产茶地，现场参与采茶、制茶。

他抵达杭州的时机正好，赶上了天晴，又正好在采摘季节。要知道，采茶极挑天气，雨天和多云的阴天都不能采茶，一定要晴天才可采摘。采茶时需采摘顶端最挺拔的嫩叶，而好茶又常长在奇岩峭壁上，所以陆羽常常身背竹笼，在山林间跋涉。

他随意拉住一位路过的行人询问去灵隐寺的路，被扯住袖子的那人倒是热情，可惜他操着一口地道的杭州

灵隐寺大殿旧影

话，直把陆羽这个复州（今属湖北）人说得晕头转向。说完，陆羽口上道谢，心中叫苦不迭。他只好一路寻找，一路问询，终于来到了灵隐寺。

刚到寺门的陆羽心想：怎么四处都没瞧见一棵茶树？可能种在后院吧。他站在石阶上，抬头望了望灵隐寺的山门，走了进去。进了山门，一路上不光没有茶树，就连僧人都没见几个。

陆羽暗道奇怪：灵隐寺香火一向鼎盛，堪称杭州人气最旺的佛寺，怎么寺里人这么少？

他正寻思找个僧人问问，耳边忽传来一阵诵经声，原来寺中的僧人都集中在大雄宝殿，殿中正在进行一场僧侣们的“结业考试”。陆羽站在殿外，略低头向殿内的法师打了声招呼。

殿内的诵经声完毕，意味着考试正式开始，参加考试的僧侣们一边听题一边埋头奋笔疾书。陆羽悄无声息地走进殿内，站在不起眼的角落，聆听考题。

这次考试需要精通经书七百卷，这可不是件简单的事情，眼看问出的佛理越来越高深，不少僧侣纷纷败下阵来，其余的也都面色惶惶。

人群之中，唯有一人显得与众不同，他端坐如松，对答如流，颇具大师风范。最后，果然是这名僧人中选，顺利拿到度牒。陆羽有些诗名，又喜好与名士高僧结交，当他自报家门与那僧人搭话时，两人顿时有相见恨晚之意。

那僧人法号“道标”，十分擅长诗章与佛理，因为与陆羽兴趣相投，当下结为好友，时常来往。陆羽也因道标得了便利，此次杭州访茶之行就住在灵隐寺中。

“法师，据说当年谢客从天台带回茶树，就移栽在灵隐寺，是真是假？”交了新朋友，陆羽又惦记起灵隐寺的茶来。

道标端起茶杯喝了一口，笑道：“当然是真的，就在寺后，天竺寺也有，一脉同源。现在正是采摘时节，你有没有兴趣去瞧瞧？”

这话正中陆羽下怀，他满心欢喜，一口答应：“那当然，走！”

两人闲庭漫步，走到当年谢灵运栽种茶树的地方，经历四百多年的光阴，曾经零星的几株茶树已经绵延成片，俨然成了一座茶园。

园中茶树排列整齐，高矮相差不多，肯定有专人打理。春日照耀，整座茶园沐浴在日光中，绿叶闪着光泽，茶树的颜色也深浅不一。顶端嫩芽尚未绽开，被包围在几片老叶中间，也有些新芽打开两片子叶，在风中摇摆。

道标问陆羽：“去摘一些，以茶论佛如何？”陆羽瞧见这大片的茶园，早就动了心思，只是碍于不好直说，此时一听道标主动提出品茶，自然乐意之至。

陆羽扎起了袖袍，道标也换了件僧衣，两人拿起竹笼就直奔茶园。他们采摘茶树顶端挺拔的嫩叶入笼，再将采回的鲜叶摊在木制的甑中，甑放在釜上，釜中加水。等茶菁蒸熟，二人紧密合作，趁着还没凉透，赶紧放入杵臼中捣烂，然后将茶泥放入铁制的茶模中定型。

“还要等上几天，才能喝到好茶。”陆羽略显沮丧地将襜布放在茶模下，又在襜布下放上受台，同时迅速拍击茶模，使茶泥更紧密。

道标笑了笑，知道陆羽嗜好饮茶，看见好茶却无法品尝，定是难熬，便出声安慰道：“这也无须太多时日，你且在武林山游赏几日，好茶也就大功告成了。”

确实，等茶模中的茶泥凝固后，还需放到竹篓上透干。倘若天气不好，则要用锥刀将凝固的茶泥打通，再用细竹棒一块块串起来，放在棚（木架）上焙干。用于焙茶的木架分上下两棚，半干的团茶放在下棚，全干燥的放在上棚，这样循环往复两三日，团茶才能控干水分，便于贮藏。

果然，没过几天，团茶就已经脱干水分，变得干燥。陆羽和道标找来煮茶的用具，相约在寺院后的竹林中饮茶论佛。自己亲手制作的茶，又是来自谢客移栽的茶树，滋味当然不一般。何况，手中的茶盏还是“口唇不卷，底卷而浅”的越窑盏，盏中茶沫洁白似雪，又伴着林中风声，陆羽感觉自己已经不在尘世，飘然若仙了。

夜里，他端坐房中，眼前放着纸笔。他仔细回味了一番白天的茶香，慎重地在纸上落笔：“钱塘生天竺、灵隐二寺。”他想着《茶经》已经投入写作，趁着这次南下，继续考察杭州其他地方的茶事，到时一并总结。况且，此行不虚，不仅尝到了谢客亲手移栽茶树产的茶，还交到了新朋友，实在让人高兴。

陆羽的名僧朋友很多，但道标确实是其中不可多得的出尘僧人，陆羽忍不住赞叹：“日月云霞为天标，山川草木为地标，推能归美为德标，居闲趣寂为道标。”

道标对于他这个尘外之友也倍加珍惜，知他喜欢与高僧名士交往，还向他介绍了余杭宜丰寺的灵一禅师，称只要他去余杭、临安一带，就可以去找灵一禅师。

陆羽考察完灵隐寺的茶事，又转头去了天竺寺。等一切就绪，待他考察完计划中的茶事，便将目光投向了余杭。听道标说，灵一禅师也是个爱茶之人，有他做伴，自己在余杭的考察之旅必定有趣至极。

三、严陵滩水第十九

扬子驿就在距离扬子津渡口不远处，因此客流量不小。李季卿坐在茶案旁，身侧就是驿站张挂着竹帘的落地窗。他不时转过头探看楼下的人群，目光搜索着那个熟悉的身影。

“少安毋躁，他才走没多久，等会儿就回来了。”说话的人带着头巾，宽大的袖袍已经被束带扎起，手上正在摆弄茶托、茶碗、茶瓶、茶碾、茶罗等茶具。李季卿也知自己心急了，不好意思地笑了笑。

天气并不热，李季卿却感到有汗从鬓间滑落。堂堂湖州刺史李大人，虽还未上任，却也是铁板钉钉地升官了，什么事能让他这么紧张？这也怪不得他，毕竟茶案主位上坐着的，那一身儒气的人可是大名鼎鼎的陆羽。

李季卿去湖州上任，怎么会碰到历来闲云野鹤的陆羽？这还要从陆羽离开余杭说起。

陆羽遍游灵隐、天竺诸寺后，便顺路去了趟余杭宜丰寺，结识了道标介绍的灵一禅师。两人果然十分投缘，都是爱茶之人，又都在饮茶上造诣颇深。灵一禅师爱茶，曾写过《与元居士青山潭饮茶》一诗：

野泉烟火白云间，坐饮香茶爱此山。
岩下维舟不忍去，青溪流水暮潺潺。

诗中意象引人入胜，仿佛山野间的泉水声已经传入耳中，袅袅炊烟正在白云间飘浮游荡，坐在山中饮茶好似与这仙境融为一体，不忍离去。灵一禅师觉得茶能忘忧，使人流连清静之地，这与陆羽的嗜茶如命有异曲同工之妙。

陆羽在余杭的这段时光过得非常惬意，然而，他终于还是选择动身去睦州，想要瞧瞧那深受桐君好评的桐庐茶。正是春寒料峭，江南的风冷得刺骨，灵一禅师再三挽留，也无法动摇他的决心。

睦州在浙西，水陆交替，不出一个月就能到桐庐，正好赶上桐庐采茶季，岂不妙哉？陆羽抱着这样的想法登上了西行的客船。只用了半个多月，他就来到了桐庐。

一下船，他就四处打听产茶地，跋山涉水也在所不惜。只要发现好茶，他必定掏出笔记，将感想记在上面。

这天，他尝过桐庐山谷产的春茶，赶紧解下包袱，拿出用油纸包裹好的纸张，在“钱塘生天竺、灵隐二寺”后写下“睦州生桐庐县山谷”。

桐庐好山好水，考察完此地的茶事，陆羽并不想匆匆离开，而是准备游览一番。他对睦州的严子陵钓台闻名已久，也相当钦佩严光这位隐士，便决定去钓台瞧瞧，感受一下被严光选中的隐居地风光。

〔元〕赵原《陆羽烹茶图》

不远处就是严子陵钓台了，陆羽站在船头，乘风破浪而来。他悠然下船，仔细打量眼前的严子陵钓台。偌大的石台从岸边伸出，浓密的树林绕石而生，啾啾的鸟鸣声回荡在山涧，两岸青山正垂首看着他，当真是好风景。

陆羽登上钓台，遥想严光当年拒绝刘秀，隐居世外的场景，顿生感慨。生不逢时，如果能亲眼见见这位隐士多好，此情此景，何不来杯香茗一诉衷肠？他对茶痴迷，漂泊在外也不忘将全套茶具带在身边。

取出用具，陆羽就着严子陵滩水洗净，准备找个适宜的地方取水。他饮茶对水品的选择一向讲究，以山泉水为上，江中清流水为中，井水多是下品，其中山泉水

又以乳泉漫流者为上品。此处没有山泉，只好在严陵滩中寻找最好的煮茶水了。

转眼间，茶已煎好，两只茶盏已放置在钓台上。一盏给自己，另一盏用来遥寄严先生。

他一边喝茶，一边喃喃自语，碎片似的话语想必除了不存在的严光，只有这青山绿水能明白。饮完茶，陆羽将一应茶器洗涤干净，才放入特制的都篮中。

结束在睦州的游历，陆羽又踏上了新的旅程。一日他途经扬州，乘坐的船停在了扬子津渡口。刚下船转了没多久，便听见背后有人正急切地呼唤自己。一转身，却是个头戴官帽，身着官袍，素不相识的斯文男人。

“请问可是陆处士？在下李季卿，仰慕处士大名已久，今日得见，三生有幸，不知能否在扬子驿一起用个便饭？”陆羽看对方竟能在这人生地不熟的地方认出自己，不便拒绝，就答应下来。

两人走进扬子驿，落座后，李季卿随口点了些时令小菜，恭敬道：“陆君擅长茶道可是闻名天下的，正好扬子津的南零水也是一绝，真可谓是‘一台二妙’，千载难遇，可不能辜负了！不如我让下人去取来南零水，陆君试试用南零水煮茶，让我们也开开眼，如何？”

南零距离扬子津不远，错过确实可惜，陆羽笑道：“正有此意，听凭李君安排。”

李季卿见陆羽同意了，二话不说便唤来随行侍者，将一只瓷瓶递给他说：“你拿着这个瓶子，撑船深入南零，取一瓶南零水回来，我和陆君在这里准备好煮茶的一应用具，等你回来。”

没等多久，李季卿的侍从便出现在人流中。他怀抱一只瓷瓶，三步并作两步地跨入驿站，上楼进了雅间。

“大人，这便是南零水。”侍者上前，恭敬地将瓷瓶奉上就退到一旁侍候。

李季卿接过瓷瓶，笑意盈盈地递给陆羽：“陆君，南零水取到了，是否要开始煮茶？”

陆羽一言不发，拿过瓷瓶，拿起手边的长勺伸入瓶中，舀起水瞧了瞧又倒回瓶中，说：“是江水没错，却并不是南零水，更像是临岸水。”

此话一出，李季卿疑惑不解，身旁那名取水的侍者却急了："小人乘船深入南零取水，多达百人看见，怎么敢弄虚作假呢？"

这话言之凿凿，陆羽没再反驳，一言不发地将瓶中水倒入盆中，大约倒出一半才停手，又拿起勺子舀出瓶中的水瞧了瞧，不紧不慢地说："倒出一半后，这剩下的就是南零水了。"

话音刚落，那名侍者脸色大变，立即跪下坦白："小人取水从南零回来，没想到船靠岸时因为船体摇晃洒掉了大半瓶，小人怕这点儿水不够煮茶，便装了半瓶临岸水。陆处士，您真是神了，小人再也不敢隐瞒了！"

自家的侍从以次充好，李季卿惊愕于陆羽辨水能力的同时，也恨不得找个地缝钻进去。为了给自己找个台阶下，他清清嗓子，假装请教陆羽，问道："既然如此，那陆君品鉴过的好水，岂不是优劣都能判断？"

李季卿问这问题只是为了缓解尴尬，没想到陆羽真的会认真回答："庐山康王谷水帘水第一……"李季卿忙吩咐人拿来纸笔，取笔手记。

屋内鸦雀无声，只有陆羽在点评天下适宜煮茶的水："庐山康王谷水帘水第一；无锡县惠山寺石泉水第二；蕲州兰溪石下水第三；峡州扇子山下有石突然，泄水独清冷，状如龟形，俗云'虾蟆口'，此水第四；苏州虎丘寺石泉水第五；庐山招贤寺下方桥潭水第六；扬子江南零水第七；洪州西山西东瀑布水第八；唐州柏岩县淮水源第九，淮水亦佳；庐州龙池山岭水第十；丹阳县观音寺水第十一；扬州大明寺水第十二；汉江金州上游中零水第十三，水苦；归州玉虚洞下香溪水第十四；商州武关西洛水第十五，未尝泥；吴松江水第十六；天台山西南峰千丈瀑布水第十七；郴州圆泉水第十八；桐庐严陵滩水第十九；雪水第二十，用雪不可太冷。”

排在第十九的就是桐庐严陵滩水，正巧他前不久曾游历过严陵滩，用那儿的水煮过茶。对严陵滩水有高评价的除了陆羽，还有同时代的张又新，他在《煎茶水记》中提到：“及刺永嘉，过桐庐江，至严子濑，溪色至清，水味甚冷，家人辈用陈黑坏茶泼之，皆至芳香。又以煎佳茶，不可名其鲜馥也，又愈于扬子南零殊远。”

严陵滩水适宜煮茶就此被文人雅客默认，明代品泉家徐献忠也曾在《水品全秩》中指出：严陵滩水最佳的取水点是严子陵钓台下，因为滩水都在这里回旋，澄净异常。

陆羽与杭州的缘分总是割舍不断，他一次又一次地来到杭州，有时匆匆一别，有时暂居数月。他一生游遍名川大山，留下的作品却并不多。然而就在这少量的作品中，却有《天竺、灵隐二寺记》与《武林山记》两篇，其文虽已散失，篇名却流传了下来，我们可以从蛛丝马迹中探寻到陆羽与杭州的种种联系。可以说，杭茶的知名度是由陆羽打响的，杭州茶文化的序幕正是因他一次次访杭而慢慢揭开的。

参考文献

1.〔唐〕陆羽著，刘艳春编著：《茶经》，江苏文艺出版社，2016年。

2.〔清〕彭定求等编校：《全唐诗》，中华书局，1960年。

3.〔唐〕张又新：《煎茶水记》，四库全书本。

第五章

日进百万的榷茶场 惊呆施肩吾

一、算缗百万日不虚

分水县到桐庐县的官道上，几辆马车缓慢驶过。道旁的绿茵映着白练似的江水，如画的风景让马车上的施肩吾大饱眼福。

他撩起车窗上的布帘，心想：桐庐山水入诗最多的便是春秋两季，幽奇山水果然名不虚传，引人涉足。

马车内除了施肩吾，还有一名官袍加身的吏人，他见施肩吾频频探首窗外，以为他因路远而心有不耐，便安慰道："你不要着急，前面不远就是榷茶场了。"他此行是专门带施肩吾去邻县桐庐，瞧瞧榷茶场的繁荣。

此人姓郑，与施肩吾原是旧识，最近正巧当了桐庐判官，便想着前去拜访久未谋面的老友。

施肩吾虽不喜官场，对这位升迁的朋友却尽心招呼，二人就在施肩吾简陋的家中叙旧。郑判官手握茶盏，想到施肩吾是个极爱饮茶的人，还写过"茶为涤烦子，酒为忘忧君"的诗句，意为茶可洗去心中的烦忧。"子"

往往用于对人的尊称，如孔子、孟子、墨子，说明在施肩吾心中，茶是可以媲美圣贤的。

郑判官随口问道：“你这么爱喝茶，知道桐庐新开设了榷茶场吗？”

施肩吾是个脱离凡尘的人，每日醉情养性林壑、求玄问道，对外界的新变化一概不知。郑判官看到施肩吾充满疑问的眼神就知他并不知情，便将桐庐榷茶场的事一股脑地倒了个干净。

唐文宗时期，王涯做宰相，他想要尽收天下茶税，便于大和九年（835）推行榷茶使制度，目的是为了实现茶叶官营、自产自销。然而对这种毫不避讳的敛财行为，百姓并不买账。

到了唐武宗时期，担任盐铁使的崔洪也盯上了茶税，

施肩吾像

上书请求增加本就难以负担的茶税，当然最终也没有好下场。直到近几年，盐铁转运使这活落到裴休的头上，他制定了茶法十二条，才将茶税稳定下来。

这人倒也是个人才，同时令茶园、园户、政府都满意可不是件容易事。从裴休之后，榷茶制才算是板上钉钉了。因榷茶制的实行，产茶名乡桐庐还开设了官方茶叶贸易专场——榷茶场。

“自桐庐榷茶场开设以来，各地的茶商都到这里交易，就连那些胡商都专门赶在春茶上市的时候来。从早到晚，场内摩肩接踵，连个下脚的地方都找不到……”施肩吾听着郑判官讲述的榷茶场的繁荣，脑中却无法想象出那种场景。他怀疑地瞧了眼郑判官，问他：“你是不是在诓我，一个小小的茶叶市场，生意有你说得这么好？”

郑判官见他不相信自己，当即拍着胸脯表示，可以带他亲自前去探查，桐庐榷茶场的火爆程度绝对比他形容的还要夸张。施肩吾听他说了半晌，也对榷茶场充满好奇，一听就在邻县，当然答应下来。

没多久，颠簸的马车停止前进，施肩吾与郑判官前后脚下了车，走到桐庐榷茶场门口。果然如郑判官所说，场内人山人海，锣鼓喧天，热闹得像过年。就只施肩吾站在门口打量的工夫，又有几名茶商拿着几份类似证明文件的事物，带着货物进去了。

“这市场内的茶货贸易由官吏主持，如果是私人茶商，必须有茶引才能入场。当天的买卖都要纳税、交牙钱的。”耳旁，郑判官在为他进行现场解说。

唐人喜欢喝茶，这是毋庸置疑的。无论是王公贵胄还是普通民众，对茶的需求量都不小。尤其是江南一带，饮茶之风日盛，凡是交通便利的路边，都有茶摊、茶铺、茶栈、茶坊开设。施肩吾早年在外游历，也见过些世面，却依然为这人头攒动的桐庐榷茶场感到震惊。

他没想到，桐庐这么一座小县城，竟然藏着这么个熙熙攘攘的茶叶贸易专场。施肩吾看着榷茶场内的讨价还价，询问道："这么多人，一天的进项不少吧？"郑判官作为一名合格的公务员，对国家政策了如指掌，他在心中刨除茶税与其他开支，给出了答案："总有百万缗左右。"

"什么！"这个数字让施肩吾惊呆了，一缗就是一千文，百万缗对普通老百姓而言可是个天文数字。

随后，他跟着郑判官进入市场，发现每单生意都成交得很快。茶货交易时，一旁的征税吏胥拿着算盘与簿册，手指如飞般核算钱款，收款、记账同步有序进行着。场内的茶商向客人展示自己的新茶，彼此唾沫横飞，都想用自己那三寸不烂之舌多赚点，比拼的可不只是那几文钱，而是彼此的砍价本事。施肩吾一路走过，听了不少砍价的行话，觉得十分有趣。

"你看，那些胡商，不远万里都要来桐庐买茶。"郑判官边说，边示意施肩吾注意人群中那几个魁梧的大汉。施肩吾顺眼看去，果然是几个大鼻胡商，正左顾右盼比较两个摊位上的茶叶，身旁还站着不少细眉美艳的妾婢。他心想：桐庐因两江交汇的优良位置，不光成为江南茶叶贸易的集散地，还引得西域胡商顺着丝绸之路前来贸易，可见，这榷茶场的确名声在外，日进百万不是假话。

二、意犹未尽再赋诗

施肩吾在惊叹声中在榷茶场内足足逛了一天。

日落西山，郑判官说：“你我二人许久未见，找个所在好好喝一杯吧。”施肩吾兴致正浓，当即答应下来。两人就在江边的一座酒楼中坐下来，一边欣赏桐溪美景，一边举杯痛饮。

很快，酩酊大醉的施肩吾双眼迷蒙，他感觉如画山色就在掌中，伸手一握，点点霞光仿佛从指缝中泄出。就这样，两个醉汉都没有回家，双双醉倒在酒楼的包间内。

由于夜里江风寒冷，酒后又出了汗，施肩吾醒来时，衣衫都湿透了，幸好郑判官行囊中有件貂皮做成的短衣，借给他御寒。分水县与桐庐县邻近，归还衣服也不是难事。

此次外出，施肩吾是真的尽兴了，他回到家中，觉

桐庐产的名茶“雪水云绿”

得如果不将这次经历记录下来，便是枉费了友人的一番苦心，就根据在桐庐榷茶场的所见所闻赋诗一首，这就是《过桐庐场郑判官》：

荥阳郑君游说余，偶因榷茗来桐庐。
幽奇山水引高步，晔煜风光随使车。
算缗百万日不虚，吏人业里唯簿书。
眼前横掣断犀剑，心中暗转灵蛇珠。
有时退公兼退食，一尊长在朱轩侧。
胡商大鼻左右移，赵妾细眉前后直。
醉来引客上红楼，面前一道桐溪流。
登临山色在掌内，指点霞光随杖头。
东郭野人慵栉沐，使将破履升华屋。
数杯酩酊不得归，楼中便盖江云宿。
却被江郎湿我衣，赖君借我貂襜归。

桐庐一带产茶极多，茶叶贸易所得也不容小觑。入唐以来，江南的茶户逐渐增多，交给朝廷的茶税也一日多过一日。中唐之后，江南已经成为天下财赋的重点地区，时人还有“当今赋出于天下，江南居十九”的言语。杭州是江南重镇，有时上缴的税钱可达五十万缗，约占全国的二十四分之一，其中茶税厥功甚伟。[①]

参考文献

1. 黄强：《好山好水蕴好茶——桐庐茶文化探源》，《今日桐庐数字报》2019 年第 86 期。

①《杭州茶文化发展史》，第 108–109 页。

2.〔清〕彭定求等编校：《全唐诗》，中华书局，1960年。

3.杭州市茶文化研究会编：《杭州茶文化发展史》，杭州出版社，2014年。

第六章

僧人居士们饮茶赏景的好去处

自古西湖多茶客，湖山有幸结茶缘。历代爱茶的文人雅士因慕西湖之名而来，又因这里的湖光山色还有龙井茶的清香而停住脚步。这些爱茶的文人雅士在这里放慢自己的生活节奏，他们或品茶咏赞，或诗文酬唱，或绘画作书……赋予了西湖丰富的精神文化。西湖山水、龙井绿茶与历代西湖爱茶人的强强组合，在中国任何一地都难再复制。

一、最爱在西湖烹茶的白居易

“看，那人又拿出他煮茶的家伙什了。”

西湖边，一座小亭子里，一位青衫士子一边煮着茶，一边吟着“坐酌泠泠水，看煎瑟瑟尘。无由持一碗，寄与爱茶人”。①

不远处，常来西湖做些小买卖的商贩指着亭中煮茶的士子窃窃私语。

亭中正在煮茶的士子是唐德宗贞元十六年（800）的进士白居易。他为官喜直言不讳，喜欢替百姓鸣不平。

①白居易：《山泉煎茶有怀》。

他诗才出众，总是喜欢写一些讽喻时弊的诗歌，在收获了不少赞誉的同时也得罪了不少权贵。一次，白居易因被权贵诬陷贬为江州（今江西九江）司马，直到唐穆宗即位后才被召回京城。但此时的白居易已经心灰意冷，回朝后便上书要求出任地方官。

唐长庆二年（822），在白居易五十一岁的时候，他任职杭州刺史，十分清闲愉快，就像他诗中所写："杭州五千里，往若投渊鱼。"[①]说自己像一条快乐的鱼，离开长安，游进了杭州西湖，开始了跟杭州的蜜月。

白居易在识茶和爱茶上颇为"自命不凡"，而且他对自己的烹茶技艺非常自信。他曾在《谢李六郎中寄新蜀茶》诗中写道："汤添勺水煎鱼眼，末下刀圭搅曲尘。不寄他人先寄我，应缘我是别茶人。"自己赞自己是"别茶人"（识得佳茗的茶人），可见他在"茶"这个方面是多么自信。

"别茶人"自然得做点儿茶事，所以在白居易任杭州刺史期间，西子湖的香茶与清泉受到了他的格外优待。对白居易来说，"尽日一飧茶两碗，更无所要到明朝"[②]。没错，刺史大人的人生追求就是这么朴素，只要一天两碗茶，就别无他求了。

白居易这份刺史的差事也算清闲，每天办完公务后，他就在府邸烹茶喝。只是他虽然嘴上说只要有茶喝就别无他求，但日子一长，难免还是觉得有些孤单。这么美味的茶只能一人独享、无人共饮，茶的美味似乎都减少了。

这天，白居易拿着手中的茶盏，长长地叹了一口气。机敏的书童察觉主人的心情不好，凑上前问道："大人有何不快吗？"

①白居易：《马上作》。
②白居易：《闲眠》。

白居易说："没什么，就是一个人品茶有些寂寞，可惜这好茶了。"

书童转了转眼珠子，计上心来："大人，您想要有人陪您品茶，这有什么难的。灵隐山上的韬光禅师对茶道的见解独到，不如邀请他下山和您一起品茶论茶？"

白居易拍了拍自己的脑袋，说："对呀，我一直都很仰慕韬光禅师，怎么没想到请他下山？我们现在离得这么近，正好方便交流。"

说罢，白居易便着手准备邀请事宜。白居易虽说是地方官员，但要招待韬光禅师这样的高僧，还是要花上一点心思的。要是选择人气太旺的场所来招待韬光禅师会显得喧嚣浮华，可一般的酒肆对于一名禅师来说又过于草率俗气。最终，白居易决定直接请韬光禅师到自己府上做客品茶。

白居易拿出自己珍藏多年的一套茶具仔细清洗，又拿出客商从西域带回的稀有香料以备焚香之需。他还命人精心准备了一桌饭食，有白葛粉、紫藤花、青芥、红姜，色香味俱全。看得出来，他真的很重视这次与韬光禅师的会面。

正当他满意地欣赏自己的布置时，书童进来禀告："大人，现在去邀请韬光禅师正是时候。"

"好，快去准备笔墨纸砚。"

书童很快把笔墨纸砚备齐，白居易接过纸笔后沉思了几秒，一气呵成写下《招韬光禅师》：

白屋炊香饭，荤膻不入家。
滤泉澄葛粉，洗手摘藤花。
青芥除黄叶，红姜带紫芽。
命师相伴食，斋罢一瓯茶。

写完，便让仆从快马加鞭地给韬光禅师送去了。

仆从走后，白居易焦急地在屋子里等待着。一上午过去了，他终于盼回了送信的仆从。可远远一看，回来的只有仆从，不见韬光禅师的踪影。白居易一心以为韬光禅师拒绝了自己的盛情邀请，十分难过，心想：我精心做了这么多的准备，韬光禅师却不愿意赏光。

白居易正郁闷着，仆从递上了韬光禅师的回信。拆开一看，是一首七言律诗，题为《谢白乐天招》：

山僧野性好林泉，每向岩阿倚石眠。
不解栽松陪玉勒，惟能引水种金莲。
白云乍可来青嶂，明月难教下碧天。
城市不能飞锡去，恐妨莺啭翠楼前。

韬光禅师写诗婉拒了白居易的邀请，他表明自己不赴约并不是因为懒惰，不是因为从灵隐山韬光寺到钱塘江边白居易的住所路远不便，而是因为自己是个山僧，性好林泉之乐，不喜入闹市。

诗的最后，韬光禅师还和白居易开了个玩笑，说："你不是有年轻漂亮的侍妾陪伴吗？我要是来了，怕是有点不方便吧！"僧人是出世的，却会调侃白居易与小妾。白居易读到最后不由得哈哈大笑，将久候不至的不悦抛开了，笑骂道："好你个韬光，还调侃起我来了，今天我是非见你不可。"

心情一好，白居易便叫上随从，挑上几匹快马，朝韬光寺疾驰而去。白居易进了灵隐寺山门，辗转上山又费了一番功夫后，终于到了韬光寺。他看着韬光寺的大门，十分得意，心想：韬光，你想不到我会直接驱马来见你吧！

韬光禅师听小和尚报说刺史莅临，急忙出门相迎，两人相见时，白居易笑骂道："好你个韬光，我请你吃饭，你竟都不来？"

韬光禅师哈哈大笑："我还记得刺史以前给我寄过一首诗。"

白居易满是疑惑地问道："哪首诗？"

〔清〕佚名《西湖风景图·韬光观海》

韬光禅师说："'遥想吾师行道处，天香桂子落纷纷。'[①]我这里有天香桂花，又怎么舍得下山赴宴呢？"两人又是一阵大笑，携手走进韬光寺。

宾主坐下，小僧进茶。韬光禅师说："刺史召我吃茶，一番美意我心领了。只是小僧不明白，刺史何苦大费周折，跑到我这僻远荒山来？"

白居易笑而不答，端起面前的茶水，细细地品尝。韬光禅师心里已经明白了，笑着说："'惟能引水种金莲'，这推谢诗却成了邀请函，刺史的'斋罢一瓯茶'没有打动贫僧，反倒是贫僧的一句拙诗引得刺史上山了。"

白居易乐了，说："为这茶水，难道不值得我跑这一趟吗？"原来，白居易喝的这杯茶，是用韬光寺里那口烹茗井的水来煎煮的。这口井中的水比起其他的井水更加清冽，大旱不涸，用来煎茶更是绝配。不仅如此，像韬光禅师诗里所说，把这水"引来种养金莲"也是一件美事。

此后，白居易便时常来找韬光禅师吃茶，韬光禅师也必定会以烹茗井中水煎煮好茶。有时候，遇着韬光禅师外出了，白居易还会自己动手，取水烹煮茗茶。

公元9世纪，白居易在西湖最早的茶叶产地灵隐山中与韬光禅师一起品茶、咏茶，不经意间，他们就给西湖留下了与茶有关的景观和佳话。一口烹茗井，一次次烹煮茗茶，开启了此后一千多年西湖与名茶相互包容、相互推进的历程。而在此后千余年间的诸般西湖茶事活动中，这种形式也不断得到人们的传承、创新和弘扬，至今，其风流余韵仍然浸润在西湖的山山水水之间。

①白居易：《寄韬光禅师》。

二、西湖龙井茶的最早记录者

南宋时，在吴山西麓有一家生意兴旺的茶坊。由于这家茶坊的茶水好，有了良好的口碑，慢慢地，名声越传越广，人们就把这个地方叫作茶坊岭。这里除了有好茶吃，交通还十分便利。从茶坊岭去吴山、凤凰山都很便捷，要是向西边走，出了清波门还可以欣赏到西湖的好风光。所以，这茶坊岭可算是古时候的旅游胜地了。

元朝国子学儒学教授虞集为国家工作几十年，一日心有所动，想着是时候给自己放个假，去看看外面的世界了。所以得空的时候，他开始一一游览名山大川、风景名胜。虞集是个极喜欢喝茶的人，也喜欣赏湖光山色，在游遍了北方诸多名胜后，他决定去杭州。

打定主意后，虞集马上上书请假，直奔杭州。虞集的弟子张雨正好是杭州人，便主动帮老师在茶坊岭订了一间雅舍，方便老师与友人相聚。

元朝时的茶坊早已今非昔比，早不是那种简陋的茶水铺子了，不但有固定的店屋，室内布置也相当讲究，除了出售茶叶茶，还兼售果味茶与风味小吃，是友人聚会、洽谈的好选择。有些茶坊为了扩大营业范围，还销售字画、古玩等。

那日，虞集抵达杭州时天色已晚，张雨邀请了他的几位旧友到茶坊一叙。刚踏进茶坊，店小二就迎上来招呼客人："我们店里茶博士、茶三婆，冲茶、分茶的手艺，整个杭州城也找不出几个来。各位是来点儿绿茶、木瓜茶、酥油茶还是点心？"[1]

店家张二远远瞧见虞集等人衣冠整洁，谈吐文雅，

①《杭州茶文化发展史》，第261页。

心想：这些客人看着像是文人，想必能诗擅画，不知能不能卖出去几幅字画。

想着，张二便在虞集等人茶兴正浓时上前道："各位客官，我收藏了些文人书画，不知各位是否有兴趣一观？"虞集等人全当老板是来推销的，根本不想理会。

买卖不成仁义在，张二也不恼，笑道："我这儿有幅苏轼真迹，不轻易示人，诸位要是感兴趣……"众人一听竟有东坡真迹可以欣赏，顿时兴致高涨，直接打断了张二的后话，问道："当真？烦劳店家快快请出东坡居士手迹。"

张二却突然面有难色道："今日天色已晚，不如各位明天再来看东坡名帖。"

虞集等人面面相觑，为了一睹苏东坡手迹，只好相约第二天再来这张二茶坊。

第二天，张二才捧出了东坡真迹。随着长卷徐徐展开，苏东坡的《天际乌云帖》展现在众人眼前，帖中有提到北宋杭州知州蔡襄与杭州官妓周韶斗茶的故事。

在座的各位都是品鉴书画的高手，纷纷赞道："妙啊，妙啊！"

《天际乌云帖》是个长卷，其中还有一幅难得一见的苏东坡像。画中的苏轼身着道袍，头戴纱帽，正从锦囊中取出皇上御赐的龙团茶饼，状似要取水、碾茶、烹煮，传神得让人眼前浮现出微风轻拂、茶香四溢的场景。

虞集笑道："东坡先生在卷中烹茶，我们在这里品

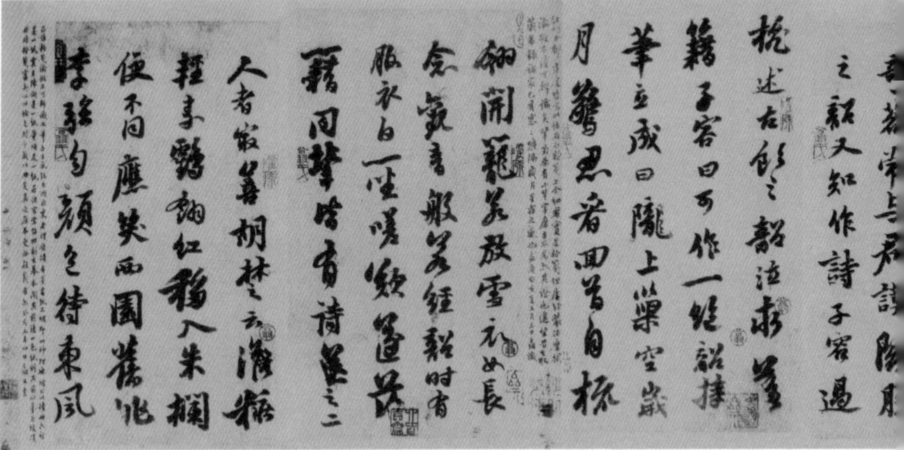

〔宋〕苏轼《天际乌云帖》（局部）

茶，也算是有幸与东坡先生同做一乐事。”在场的人听后都十分高兴。

这一天，他们品茶论诗直到接近宵禁时分，才准备离去。

离别前，虞集的好友邓文原开口道：“我的好友澄公大师之前差人送来请帖，邀请我清明节到西湖龙井见证今年的第一场斗茶盛会。再等两天便是清明节，我们不如一起去看斗茶，一尽茶兴。”在座的人纷纷应和：“如此甚好！”

清明当天，虞集、邓文原、袁桷、杨载、张雨等一大早便起来了，人人手执一根藜杖，穿着麻布鞋准备出发。刚刚到达西湖边的某座小山，他们就被眼前的美景迷得挪不动步，驻足许久。张雨最先回过神来，说：“清明时节的天气变幻莫测，我们还是快快前行，一会儿路上多的是美景！”

一行人循着苏轼当年游龙井的路线前行，出清波门

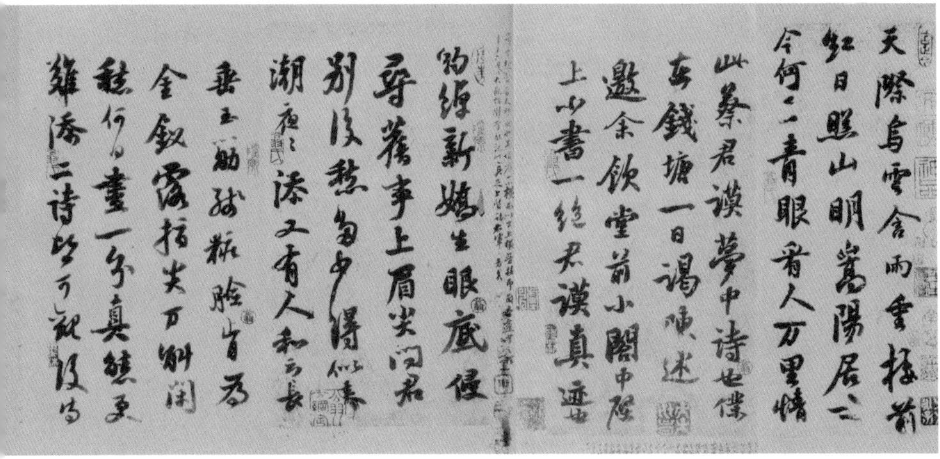

后，先是乘船游湖，紧接着沿净慈寺、雷峰塔、南屏山一线，穿过苏堤直到浴鹄湾靠岸，然后循小麦岭而上。一路微风和畅，漫山遍野的山花更是美不胜收。有美景相伴，辛苦半日后，一行人终于到了龙井寺。

清明天气果然变幻莫测，大家还没来得及歇口气，一场大雨猝不及防袭来。众人顾不得劳累，纷纷跑进龙井寺避雨。匆忙间，有人在长满苔藓的地上滑了一跤，把鞋都摔掉了。

龙井寺住持澄公听见人声，出门迎接。他安排众人在客堂坐下，说道：“诸位贵客一路辛苦了，请在此休息片刻，贫僧去打些水来让大家解解渴。”不一会儿，他便提了一桶龙井的水回来。

虞集早就听说龙井中的水清澈甘甜，上前取了一瓢细细品鉴，果然名副其实，不由得连声赞叹：“好水！好水！”众人争相上前品尝，赞不绝口。

午后，天气逐渐放晴，龙井斗茶即将开始。品鉴场内坐满了应邀而来的嘉宾，清明正是春游好时节，慕名而来的人也多，就连门外都围了好几层观看斗茶的观众，好不热闹。

斗茶开始。

好客的澄公特意去取来和龙井同源的泉水，装入容器中生火烧煮。众人只等泉水发出沸腾声，就把新摘的明前茶芽放入水中煎煮，无须太久就可用瓢舀出茶汤分给众人。茶碗中，嫩黄如金的茶芽已变成青绿色，漂浮在浅色的茶汤中。青白瓷制的茶碗上热气氤氲，好似白云出岫。

与会者品鉴点评，吃茶聊天，大半日才告结束。众人归去，群山又沉寂下来。

龙井一日游，虞集对明前茶的滋味念念不忘。回到住处后，他诗兴大发，兴笔为龙井斗茶赋诗一首："只今谁是钱塘守，颇解湖中宿画船。晓起斗茶龙井上，花开陌上载婵娟。"[①]

次日清晨，邓文原上门拜访，让虞集品评自己昨晚回家后写的一首龙井茶歌。虞集拿过诗稿吟颂一番，赞道："好诗！好诗！文原，你这诗引出我的诗性来了，不如让我来唱和一首吧。"说罢，虞集便念出了那首今天认为是最早记载西湖"龙井茶"的诗歌——《次邓文原游龙井》：

杖藜入南山，却立赏奇秀。
所怀玉局翁，来往绚履旧。
空余松在涧，仍作琴筑奏。
徘徊龙井上，云气起晴昼。

①虞集：《题蔡端明苏东坡墨迹后四首其一》。

入门避沾洒，脱屐乱苔甃。
阳冈扣云石，阴房绝遗构。
澄公爱客至，取水极幽窦。
坐我薝蔔中，余香不闻嗅。
但见瓢中清，翠影落群岫。
烹煎黄金芽，不取谷雨后。
同来二三子，三咽不忍嗽。
讲堂集群彦，千磴坐吟究。
浪浪杂飞雨，沉沉度清漏。
令我怀幼学，胡为裹章绶？

明朝嘉靖年间（1522—1566），文学家田汝成在撰写《西湖游览志》时，翻阅到虞集唱和邓文原的这首诗，心中一动：这写的不就是“龙井茶”吗？于是，他将原题改成《次韵邓文原游龙井》。后来很多学者就把这首诗当成是对“龙井茶”的最早记录，虞集便成了西湖龙井茶的最早记录者。

参考文献

1. 杭州市茶文化研究会编：《杭州茶文化发展史》，杭州出版社，2014 年。

2.〔元〕虞集著，王斑点校：《虞集全集》，天津古籍出版社，2007 年。

3.〔清〕彭定求等编校：《全唐诗》，中华书局，1960 年。

第七章

此人之后浙茶再次成为贡茶

由唐入宋，贡茶院也移至福建建安，这一结果造成的结果就是浙茶在很多年里都没能成为贡品。那一年，李溥做了江淮发运使，他用羡余钱买了千斤浙茶入贡，一部分确实进了宫廷，另一部分却被他私藏。事发后李溥当然没落下好，但浙茶上贡却成了定例。

宋代浙江八品贡茶中，杭州就占了三品，下天竺香林洞产的“香林茶”、上天竺白云峰产的“白云茶”和葛岭宝云山产的“宝云茶”都是杭州人的骄傲。

一、想中饱私囊反而成就浙茶美名

威严的大殿中，宋真宗赵恒高坐龙椅，狭长的眼角略垂，瞧着底下的一众大臣。在他的注视下，一向自诩权臣的丁谓竟然也不敢抬头，他一时摸不清这官家在想什么，愣是不敢搭话。

“既然没人应承，那就着盐铁副使林特和崇仪副使李溥去办了，你们平日里不是总吵着要分忧吗？是时候了。”宋真宗见没人愿意接下改革茶法的差事，索性指定人选，他倒要看看谁敢说个“不”字。

天竺采茶

改革茶法可不是个好差事，也难怪朝中众臣纷纷装聋作哑。当初宋朝初立，百废待兴，正是使钱的时候，茶叶贸易这等资金流量巨大的产业当然要牢牢地攥在官府手里。宋太祖赵匡胤是何等英雄，他觉得学习唐朝那一套有点儿掉面子，更何况世道不同，就决定整点儿具有宋代特色的榷茶制度。

就这样，掌管盐铁官营的官员又多了份管茶的差事。几个人连夜开了新项目讨论会，第二天早朝就递上了执行方案。按照他们的意思，得先设置专门征收榷茶的机构，地点就选在江陵府、真州、海州、汉阳军、无为军与蕲州的蕲口这六个有名的交通要道。然后成立官府自己的茶场，无论生产还是销售，都由官府说了算。除此之外，茶农必须加入官府的茶场，不允许私下买卖，一经发现，严惩不贷。

这看似合理还获得宋太祖赞许的方案，也不知背后被茶农和茶商喷了多少唾沫星子。然而，这仓促决定的榷茶方案还是执行下去了，并且一执行就是几十年，直到宋太宗雍熙年间（984—987）才有所变动。

那时，战乱频繁，群狼环伺，前线粮草告急才是要命的事，哪还顾得上卖茶叶？为了筹集粮草，官府竟然甘愿被茶商薅羊毛。他们公开鼓励商人当中介，收受茶商的贿赂，有的地方还把茶叶的销售权直接卖给商人换取好处。官商勾结自古以来就是蚕食社稷的毒虫，果然没多久，宋朝就出现“商利益博，国用日耗”的危急情况。

谁整出的烂摊子当然是谁自己收拾，可是宋太宗眼睛一闭，这口黑锅就被儿子宋真宗继承了。

大概是打仗多年，不光是宋朝的军队疲惫不堪，就连敌国也渐渐偃旗息鼓了，但他们表面上还是保持着攻势，企图攫取更大的利益。

北宋景德元年（1004），北宋在与辽国经历了长达二十五年的战争后，终于顶不住对方的攻势了，就连宋真宗都准备收拾收拾跑路了。

因为宰相寇准的一力劝说，宋真宗才提心吊胆地去前线澶州（今河南濮阳）督战。皇上亲临，宋军士气大振，并阵斩辽国一名将领。按理说，胜败乃兵家常事，辽国却因为这一战意外地放弃了攻势，选择与宋议和。

宋真宗就这样稀里糊涂签订了《澶渊之盟》，让宋朝和辽国成了互放冷枪的“兄弟之国”。作为一国之君，这次议和还是值当的，起码为百姓换来一段不短的和平时光。火烧眉毛的事情一了结，朝廷内部的各种矛盾和问题便暴露无遗，茶法就是个令人头疼的烫手山芋。

“如今宋夏交好、宋辽结盟，边关罢兵，想必边储能稍有缓解，这物价也需要重新调整。”宋真宗看似不经意的一句话，却包含着大量信息，其中最明确的意思是：现在没有战事，是政绩复盘的最好时节，所有物品的价格都好好调整一下。

早朝的结果就是改革茶法的差事落到林特头上，他是项目负责人，具体人员可随意挑选。下了早朝，林特和亲家李溥结伴走在出宫的路上，商量如何改革茶法。

林特垂着两臂，任由官袍前后晃荡，皱着眉头问身旁的李溥：“官家让咱俩好好审查旧制，势必要改革一新，还要求召集茶商议论。要真按官家的意思办，恐怕那些茶商会吃了咱俩。”

身旁的李溥是个头脑灵活的，他回头看看四下无人，轻声对林特说：“不如我们去找那位大人商议，看看如何改革茶法才不会费力不讨好。”

林特觉得李溥的提议非常好，心事落下，脚下的步子都轻快许多。

林特是盐铁副使，他还有一个众所周知的身份，就是“五鬼”之一。

丁谓是宋真宗眼前的红人，历任三司使、同中书门下平章，后来又被封了晋国公。北宋景德初，丁谓和参知政事王钦若、直史馆陈彭年、宫苑使刘承珪以及盐铁副使林特结党营私，横行朝中，以奸邪险伪著称，被人们称作“五鬼”。这“五鬼”以丁谓马首是瞻，李溥口中的那位大人指的就是他。

崇仪副使李溥虽然没什么才学，但他对于金谷利害的认识往往一针见血，又在会计方面天赋异禀，是个做假账的好手。再者，他与林特是亲家，又靠着丁谓的名头有了特权，自然十分倚靠丁谓。加上林特的推荐，李溥慢慢成了丁谓集团的得力干将。

这天夜里，“五鬼”齐聚在丁谓家中，李溥也赫然在列。五月夜风清凉，丁谓早在园中备好酒菜。

“我晚上才回过味儿来，官家突然提起改革茶法，这正是我们的好机会呀！”丁谓喝了口酒，别有深意地笑道。

林特起身给丁谓倒酒，不解地问：“丁公此话怎讲？”

“别看澶渊之盟已经过去两年了，官家还是惊魂不定的，既不敢轻言战事，又想把城下之盟侮名的事儿掩盖过去。那些个劝官家厉兵秣马的官员都没眼力见，那位心里只想着粉饰太平呢！”

在座的人这下全明白了。之前丁谓极力劝谏真宗举行东封西祀时，他们还不明白丁谓的用意，觉得现在正是升官的好时候，何必与宰相寇准起冲突。今天才知道，丁谓提出的“东封西祀”正中宋真宗下怀，深得官家的欢心。

丁谓看众人脸色，就知他们已经明白了自己的言下之意，但到嘴边的话还是得说：“之后官家如果要东封泰山，西祀汾阳，可要花不少钱，到时候修建宫殿估计也得我们来。要将这些都落到实处，银钱不可或缺……”

众人心知肚明，除了盐铁，贩卖茶叶是条迅速聚财的不二途经。官家将改革茶法交给他们，还真是找对了人。酒桌上，六人将明日早朝的说辞统统串了一遍，确保万无一失才各自回家。

次日早朝，他们你唱我和，三两下就把改革茶法的参与人员定了下来。不出所料，新法主持者都隶属丁谓集团，如李溥、林特和刘承珪。这几人细细算来对茶都不甚了解，只对茶叶卖出的银子感兴趣，又怎么可能研究出好的改革方案。

果然，他们刚组成茶法改革团，就不知从何处下手了。中间也不知是谁出的馊主意，说可仍按旧条制，做得详细些就交差。为了装装样子，他们还特意传唤了京城的豪商咨询意见，赚钱他们在行，要他们考虑茶户与茶商的利益可就是难为他们了。最后，他们干脆按照聚财于京师的路子，破罐子破摔，在月内就推出了新茶法。

新茶法一推行，天下的钱财都往京城聚拢。宋真宗龙颜大悦，主办茶法改革的林特与李溥都受到嘉奖。李溥当时已经是发运副使，受到官家的赞扬后马上升职为正使。

没过多久，新茶法的弊病便显露出来，宋真宗也觉得“过于严急”。接下来的几次改革都如隔靴搔痒，并没有触及茶叶管理体制的根本。还没等林特他们想出令自己满意的新茶法，宋真宗便撒手人寰了。

李溥作为江淮发运使，每年年终都要向朝廷奏报所掌地方的财政情况。偏偏他回京还不是独身一人，常用大船载满南方的特产与搜刮来的稀罕玩意来结交朝中当权的大臣。

真宗离世，仁宗年幼，李溥回京时正逢当初的真宗皇后，现在的章献太后垂帘听政。李溥上书奏事：“御茶多年来只有建州饼茶，而浙江的茶叶从未上贡，下面官员糊涂，殊不知浙茶口感甘美不输建茶。微臣这次用节余的钱买了数千斤浙茶，请求入贡大内。”

章献太后不明所以，一听李溥用节余的钱进贡了数千斤浙茶，当即欢喜地答应了。殊不知这是李溥中饱私囊的手段，哪是用节余的钱，分明是利用职务之便和新茶法的漏洞，与商人勾结，低价从产茶地收来的。

李溥的贡船庞大，无数纤夫拉着从国门驶入，因为太后的应承，他便自称“进奉茶纲”。这么一来，即便有关部门有查货验证的心思，也不敢上前触霉头了。

事实上，船中装着的浙茶不是千斤，而是上万斤。李溥就这样借着上贡大内的名头，躲过相关部门的盘查，将多余的浙茶全部据为己有。这样的事，每年都要上演一遍。

天网恢恢，疏而不漏，李溥中饱私囊、收受贿赂的事终于东窗事发。当时，丁谓集团早已解散，朝中又没人保他，被判流放海州。然而，自李溥之后，每当江淮发运使年终上奏，都会带来当地的特产和浙茶上贡。长长的船队遮蔽河面，要从泗州（江苏泗阳）连行七日才到达京城。

李溥中饱私囊反而成就了浙茶美名，自他之后，浙茶入贡就成了定例。其中，宋代浙江贡茶八品中，杭州便占了三品，分别是灵隐下天竺香林洞产的“香林茶”、上天竺白云峰产的“白云茶”和葛岭宝云山产的“宝云茶”。

二、隐居孤山的林逋也会睹茶思人

刚下过雨的西湖波光潋滟，接天连叶的绿荷你挨我挤。不少小贩在西湖边上叫卖吃食，扎着总角的小孩围着打转。湖边的柳树下坐着许多纳凉的百姓，言笑晏晏地瞧着孩子们你追我赶，时不时闲扯两句家长里短。

西湖这边车马骈阗，对岸的孤山却是截然不同的世界。

孤山虽被叫作山，其实是个只有三十几米高的小半岛。尽管就在特级景区西湖边上，但山上林木丛生，又不宜开垦土地，出行只能依靠小舟，所以少有人至。然而，这样僻静的孤山却是林逋选中的最佳隐居地点。

山腰处有间简陋的茅屋，柴门洞开，一名小童正站在门旁伸头张望，口中念道：“先生怎么还不回来，我都把鹤放出去好久了。”纵鹤放飞是小童与林逋之间定的暗号：林逋不在家时家中来了客人，就去放鹤亭那里放飞白鹤，林逋只要看见鹤必定划船速归。

正当小童急得准备再放一只鹤时，屋前小路上远远地出现了人影，正是外出半日的林逋。他头戴方山冠，衣着朴素，轻声询问小童：“客人还在？”小童点点头，侧身给先生让了道。

一进门，院内坐着的竟然是两名身着官袍的陌生差吏。那两人一见林逋，立刻站起身，恭敬行礼道：“先生，我们是府县的差吏。官家听闻你的事迹十分仰慕，御赐了粟帛，还吩咐府县存恤。今天带来的这些都是府县的一点心意，希望先生收下。”

林逋这才看见他们身旁摆放着的丰厚礼品，官家看重，他心存感激，但这些东西却不愿收受。不论那两名差人如何劝说，林逋心意已决，摇头摆手以示拒绝。没奈何，那两名差人只好将东西都带回府县，只留下了御赐的粟帛。

见人走远了，林逋唤来小童，温和地说："去煎碗茶，一路赶回来，水都没喝一口。"小童知道差吏扫了先生的兴，也不多说什么，自去后院煎茶了。

林逋本是钱塘人，幼年便好古博学，性情孤高自好，喜欢恬淡的生活，不愿追名逐利。他成年后曾经遍游江、淮两地，结交了许多志同道合的高僧隐士，直到四十多岁才回到杭州，隐居在西湖边的孤山上。

这并不是什么隐秘的事情，知道他隐居在孤山的人不少，也有人专程上门来劝他入仕，都被他婉言谢绝了。林逋常笑着说："然吾志之所适，非室家也，非功名富贵也，只觉青山绿水与我情相宜。"

拒绝得多了，慢慢也就没人再来打扰。除了相熟的丞相王随、杭州郡守薛映均常来探望外，多半是林逋自己乘船外出，遍游西湖周边寺庙，与高僧诗友相互唱和。

小童自后院取出白云茶，将它们放在盏中待用，又用釜煮水，沸腾时才将热水慢慢注入茶盏中，等茶被调成糊状后，再一边搅动一边环绕着盏壁注入所需水量，直到白色的茶沫上浮。第二回注水时快注快停，让茶面保持不动，等盏中色泽渐渐晕开。第三回注水时，小童转动茶筅的动作轻柔了不少。第四回注水时则更舒缓，如此循环七次，等盏中饽沫的厚薄、凝固程度相宜时，他才将茶舀入林逋常用的茶盏中。

“先生，请吃茶。”小童将煎好的茶端过来奉上，又乖巧地立在一旁。

他接过茶盏，低头观色。盏面的茶沫洁白如雪，配上手中圆润的茶盏，好似捧着落雪的西湖。轻啜一口，顿觉神清气爽，抬头问小童：“这是上次雨前采的白云茶？”

小童笑笑，佩服道：“先生真厉害，就是谷雨前我们去白云峰采的。”

白云茶产于上天竺白云峰，是林逋非常垂青的一款茶叶，恰好他与上天竺寺的高僧时有来往，因此谷雨前受邀去采了一些。

据《淳祐临安志》卷九“白云峰”条目记载：“上天竺山后，最高处谓之白云峰，于是寺僧建堂其下，谓之白云堂。山中出茶，因谓之白云茶。”白云茶也是宋代贡茶中的一品，属杭州贡茶中的三品之一。

林逋笑而不语，口中品着雨前的白云茶，思绪却飘远了。当初灵皎曾游历至天竺山，可惜那时他不在杭州，听闻此事后颇为遗憾，感叹无法与友人同游，只能遥遥作诗《闻越僧灵皎游天竺山因而有寄》聊表慰藉。此时，这谷雨前在天竺山采摘的白云茶就在杯中，却无人与自己共饮，更不知何时才会再见到灵皎……

灵皎喜欢游历山川，与林逋已经多年未见。一盏茶饮尽，林逋却更加思念亦师亦友的灵皎。他放下茶盏，走到书案前，拿着笔却闭上了眼睛，等回味起口中茶香，才是落笔之时。很快，一首《尝茶次寄越僧灵皎》一挥而就：

白云峰下两枪新，腻绿长鲜谷雨春。
静试恰如湖上雪，对尝兼忆剡中人。
瓶悬金粉师应有，箸点琼花我自珍。
清话几时搔首后，愿和松色劝三巡。

林逋不是俗人，他笔下的茶也并非解渴的饮品，而是雅致的代名词。一叶两芽又被称为“一旗两枪”，“旗”指茶叶舒展如飘扬旗帜，“枪”指茶芽未曾展开的含苞状，白云峰所产的白云茶最珍贵可人的地方就在于“一旗两枪”。在林逋的印象中，谷雨前采摘白云茶，叶上尚且沾着雨水，鲜嫩至极。

“瓶悬金粉”“箸点琼花”都是“分茶”“点茶”的手艺活，他早已传授给小童。小童青出于蓝而胜于蓝，如今煎茶的手艺比自己还好，喝现成的茶又何乐而不为呢？

天竺寺院墙

只是不知，这谷雨前采摘的白云茶，还能不能等到灵皎来访。如果有缘再聚，到时候就用白云茶招待他，两人品茶论道好不惬意。

三、宝云茶重新点燃他生的希望

北宋嘉祐二年（1057）。

一天，天气晴朗，然而暨阳县内的道路却四处积水、泥泞不堪。

一名背着工具的泥瓦匠正深一脚浅一脚地走在泥路上，口中念念有词：“这什么破地方，我家附近都没这么恶劣，这单生意看来要亏了。”

他穿过错综复杂的街巷，终于找到客户留的地址。眼前是一间几开几进的大房子，门匾处却空空如也，没有“X 府”的字样。泥瓦匠又开始在心里犯嘀咕了：没门匾，难道住这的人是租的？租的也无妨，只要好糊弄，钱好挣。

正想着，一个人就从掉漆的侧门走出来了。那人一身朴素，看见泥瓦匠十分欣喜，笑着说：“可是来修理屋子的泥瓦匠，可来了，快请进。”

泥瓦匠点点头，跟他进屋，一路上都在偷偷打量眼前这位状似书生的年轻人。这房子的内里远不如外表看着气派，到处都是朽坏的木梁和坍塌的房间，无声地验证了泥瓦匠这房是租来的想法。

到了一间看来还像样的屋子前，那书生礼貌地介绍道：“我叫王令，是名教书先生，暂时居住在这。只是这屋子年岁久了，屋檐漏雨，梁柱断折，梁上的瓦片也多有缺失，门窗又常常关不紧。我一个读书人，无力修补，劳烦你帮忙修整修整。”

泥瓦匠看他话说得客气，却连杯粗茶都没有，想来肯定是穷得连粗茶都买不起。就他这个穷酸样子，干了活能不能拿到钱还难说，中午的包饭看来都成问题。再说了，这屋子跟纸糊的一样，犯不着费力气不讨好，不如赶紧溜之大吉。

王令还在专心地向泥瓦匠介绍租处的一些问题，丝毫没有察觉到身后早已空无一人。等他转过身来，背后哪还有人，只有几条狗坐在地上吐舌。王令不傻，他知道对方是嫌弃自己穷，拿不出东西招待他，所以直接开溜了。

面前的颓檐断柱急需修理，他也顾不得伤神，只好亲自动手。奈何他病痛缠身，没劳作一会就咳了个震天响。

咳嗽声引得在屋内的王令的姐姐坐立不安，她赶紧倒了杯水出来，递给弟弟说：“别为难自己，你这身体是一天不如一天了。”

“姐姐放心，我还撑得住。现在依靠教书赚些钱，再四处借点儿，一定能筹到你再嫁的嫁妆。”说完，王令一气将杯中水喝下，仍然感觉喉咙干涩，又叹气道：“我这消渴之症越来越严重了，药也吃了，总不见好。”

姐姐欲言又止，还想安慰他，王令却摆摆手，示意不必多言。

这样一贫如洗的日子继续过了几个月，王令也终于筹够了姐姐再嫁的嫁妆。相依为伴的姐姐一出嫁，王令又成了孤家寡人。本来他就疾病缠身，如今贫穷与挥之不去的孤独又时常来纠缠他，使他的精神一天比一天颓丧，难以振作。

夜里寂静无人时，饱受病痛折磨的王令常常想一死了之，他在诗作《夜坐》中感慨：“趋生迷夷涂，失城陷深堑。病拙未为疗，膏肓不容砭。无家可容归，有灶外断掭。”

就在王令几乎要放弃生的希望，恨不得早日与死去的亲人团聚时，他收到一份来自千里之外的礼物。

那日天气阴沉，王令因脚气病与消渴之症发作，躺在床上起不来身。迷迷糊糊间，他听见有人敲门。

站在屋外的是这儿的正房主人。当初王令家受暴雨侵扰，房屋倒塌时，就是他为王令请的泥瓦匠，是个好心肠的人。这几日王令卧病在床，也是他常来探望。敲了半天门也不见回应，正房主人便推门进来了。

屋内昏暗，依稀可辨方向。正房主人轻轻叹了口气，问王令：“今天身体好些了吗？我在门口收到你朋友给你寄的东西，也不知是什么，给你放在桌上。我还有急事，就先走了。”说完，便将一个不大的包裹放在桌上，还没等王令道声谢，便匆忙走了。

“谁会给我寄东西？当初家徒四壁，为了家人不至于饿死，我只好决定让姐姐再嫁。后来又担心姐姐在家乡再嫁会被人瞧不起，我们才举家从润州搬来江阴暨阳县。谁会知道我现在的住址呢？”

病糊涂了的王令似乎忘了他那位叫张和仲的好友。搬来江阴暨阳县之后，他曾经给张和仲写过信，将自己准备让姐姐再嫁的打算说了，就连自己深受消渴之症的困扰都说了。

床上的王令还是没想明白谁会给他寄东西，难道是姐姐？不会，不会，姐姐新嫁，应当会小心处事，不至于做出接济娘家的事来。他强撑着身子披衣起床，点上灯烛，走到桌旁拿起包裹拆开。

里面是几饼团茶，还有一封信，信上的收件人确实写的是“王令”。他坐在桌边，手指虚浮地拆开信，才看了几行，就弄明白情况了。来信的人是他的好友张和仲，因调往北方任职，临行前挂念他的身体，知他绝对不会收下钱财，便送来了几饼杭州宝云茶给他尝尝鲜。

〔宋〕刘松年《撵茶图》（局部）

友人千里之外送来茶饼，这怎么不使王令感动呢？他热泪盈眶，就着烛光将信中内容一读再读，人也明显精神了不少。

宝云茶因产于杭州宝云山而得名，是当时杭州三大贡茶之一，珍贵无比。友人即将升官迁任，还能想到他这位贫贱好友，可见对自己的深切关心。他知道自己贫困，也知道自己的傲骨，干脆不送钱财，而是送了可缓解消渴之症的茶饼，足见用心。

此时，王令脑中轻生的念头已经烟消云散了。他兴冲冲地找来纸笔，想要给友人回信，又考虑到寄信的银钱问题，转而作罢，只作了一首小诗聊作纪念。

这诗便是《谢张和仲惠宝云茶》：

故人有意真怜我，灵荈封题寄荜门。
与疗文园消渴病，还招楚客独醒魂。
烹来似带吴云脚，摘处应无谷雨痕。
果肯同尝竹林下，寒泉应有惠山存。

虽然王令还没有喝茶，但他仿佛已经看见自己煎煮宝云茶的场景。纯白的茶汤浓淡不一，仿佛云雾腾起，乍看又像江南袅袅的烟云。这样的好茶一定是谷雨前就摘下的，所以才会有这么好品质的茶汤和茶叶。

唯一让王令遗憾的是，自己无缘与老朋友共饮宝云茶。他畅想未来有一天，张和仲能够光临寒舍，与他相约在竹林中共尝宝云茶，促膝谈心。本来王令已经丧失了对生活的信心，这几饼宝云茶却宣告仍有人记挂着他，他并非孤身一人，令他重新燃起生的希望。

四、尝遍西湖龙井子品牌而不自知

如果有个人在游览西湖时，无意间发现一首用词绝佳的诗句。他四下打听，竟然真的找到了创作者，二人相见恨晚，吟诗作对直到深夜。若这个故事的主角是一双妙龄男女，想必还会生出些绮丽的故事。偏偏这个故事的主角是两个大男人，而且一个是杭州太守，一个是杭州宝严院的和尚。

北宋元祐五年（1090）五月。

西湖集自然与人文之美，无论什么季节，最不缺的永远是游客。天寒地冻的冬天尚且有张岱这等雅人在湖心亭看雪,用热酒搭配上下一白的西湖景致,更何况是“短长条拂短长堤，上有黄莺恰恰啼”[①]的初夏。

“怎的连西湖僧舍都这般人多？”被挤在人群中发牢骚的正是微服私访的杭州太守——苏轼。他本想趁着天凉来瞧瞧未曾游览的西湖僧舍，却不想刚踏进西湖周边就被上香的人潮挤得频频后退。

他费了好大劲才挤进西湖僧舍，终于能歇口气了。

苏轼双手背在身后走在院中，不像个访客，倒像在自己家中闲庭漫步。他仔细观察僧舍中的布局，遇到文字内容更要好好赏析一番。突然，他看见西湖僧舍的墙壁上有几行小字。

什么人会被允许在西湖僧舍的墙上留下墨宝？他走近细观，墙上写的是一首诗：“竹暗不通日，泉声落如雨。春风自有期，桃李乱深坞。”

①田庶：《西湖柳枝词》。

苏轼读完这首诗，心中暗自赞叹：好诗，全诗未见一个“幽”字，却幽寂毕现，大有“蝉噪林逾静，鸟鸣山更幽”的意境。不知这诗是谁写的？

正疑惑，旁边有一沙弥路过，苏轼大大咧咧地叫住沙弥，询问墙上诗句的作者是谁。那小沙弥也不介意，大方回答：“是钱塘僧人清顺所作。”

找到了好诗的作者，西湖僧舍的诸多可赏景致都被苏轼抛在了脑后。他大步跨出门去，决定趁热打铁去见见那位颇有诗才的僧人清顺。路上他打听到这位清顺住在北山垂云庵，常在藏春坞参禅，便回府寻了一匹快马，驱马赶赴藏春坞，非要今天就见到清顺不可。

转眼间，苏轼已经纵马来到垂云庵旁的藏春坞。放眼望去，两株古松如两条巨龙冲天而起，浓荫遮掩的树枝好似龙爪张扬着，金红色的凌霄花藏在古松的翠绿之间，相映成趣。

树下正躺着一名身着僧袍的和尚，他其实早已注意到远道而来的苏轼，只是假意酣睡。

苏轼开口问道：“可是清顺禅师？”

那僧人坐起身，面带微笑，答道：“正是！来客是杭州太守苏大人吧！”

“真是个妙人，竟然一下子就猜中了我的身份。”苏轼也不遮掩，直接就承认了，还说自己是循着西湖僧舍的题诗找来的。

自从这次结缘，两人结为知己，时常有诗作往来。

有一次，两人相约在藏春坞品茶论禅。两人初见便是苏轼策马赶赴藏春坞，此情此景几乎还原了初见的场面。清顺哈哈大笑指着落花，请苏轼以此为韵作诗一首。苏轼也不客气，当即写了首《减字木兰花·钱塘西湖有诗僧清顺》：

所居藏春坞，门前有二古松，各有凌霄花络其上，顺常昼卧其下。余为郡，一日屏骑从过之，松风骚然，顺指落花求韵，余为赋此。

双龙对起，白甲苍髯烟雨里。
疏影微香，下有幽人昼梦长。
湖风清软，双鹊飞来争噪晚。
翠飐红轻，时下凌霄百尺英。

两人来往频繁，互相赠诗和一些吃食都是常事。这日，苏轼正在家中处理公务，门外的侍从却告诉他，垂云庵里的清顺禅师托一名小沙弥给他带了一包垂云亭的新茶。

垂云亭就在杭州葛岭附近的宝严院，与藏春坞相距不远，是清顺所建。当初垂云亭落成，苏轼还写了首《僧清顺新作垂云亭》诗恭贺他。宝严院与垂云亭附近产有一种绿茶，是杭茶名品的后起之秀，因产于垂云亭，故名“垂云茶”。

“来而不往非礼也！既然清顺送我垂云新茶，我怎么好让送茶来的小沙弥空手而归呢？”苏轼放下手中的垂云茶，在屋中四下寻觅，想找个趁手的回礼送给清顺。转来转去，他觉得还是以茶还茶最合适。

苏轼离京赴杭州上任时，官家曾御赐了一些大龙团给他。平日里他都将这些茶煎煮喝着玩儿，这会儿正好派上用场。他从盒中取出几饼大龙团，随手找了张油纸包好。

龙团并非某种茶名，而是一种制茶方法。真宗时，权臣丁谓在福建做官，为了讨好宫廷，特意在茶饼上印上龙、凤花纹。印龙的就称为龙团或大龙团，印凤的就称为凤团或小凤团。

正要喊人进来拿走，苏轼又转念一想：不行，只送茶什么话也不说未免无趣，不如写首茶诗给他，暗藏点禅机逗逗他。于是，他来到书案前，捉起毛笔，写下《怡然以垂云新茶见饷报以大龙团仍戏作小诗》：

妙供来香积，珍烹具大官。
拣芽分雀舌，赐茗出龙团。
晓日云庵暖，春风浴殿寒。
聊将试道眼，莫作两般看。

垂云茶虽是后起之秀，却早已被列为宋代杭州的八大名茶之一，其余七大名茶分别是宝云茶、香林茶、白云茶、萧山茗茶、黄岭（今属临安）御茶、分水天尊岩茶与余杭径山茶。

苏轼尝过的杭州茶不胜枚举，无论是香林茶、白云茶还是宝云茶，他都曾在寻访高僧时品尝过，但他却不知两百多年后，杭州灵隐、天竺、云栖等地所产的白云茶与垂云茶都归入龙井茶名下，一个响当当的品牌就此成立，它就是西湖龙井！

五、茶界清风“武林春”

北宋的文坛巨擘，似乎没有不爱饮茶的，苏轼当属北宋知名茶人之一。他一生屡遭贬谪，却仍有“竹杖芒鞋轻胜马，谁怕？一蓑烟雨任平生”的豪情壮志。

茶拥有很奇妙的身份，无论是出尘者还是入世者都偏爱它的味道。以茶待客时它象征着主人与远客的情谊，与柴、米、油、盐、酱、醋扎堆时它又饱含人间烟火。茶是苏轼不可或缺的日用饮品，他与茶的故事说不清道不完。

北宋元祐五年夏。

临海的杭州，又有西湖点缀，其实入夏得慢些。即便如此，身在杭州的苏轼也觉得暑热难耐。他常常身着薄衫躲在树荫下，就着凉茶与蒲扇缓解热燥。一日，他正敞着衣领，袒胸露乳地躺在凉椅上，手旁就是出任杭州前官家亲赐的龙茶。除了他，估计也没谁敢这么草率地对待御赐珍宝了。

这次来杭州上任可不是被贬谪，而是他自愿请求外放。他给官家递奏折前就想明白了：京城繁华又有什么意思，整日里勾心斗角的。我一贯直言不讳，恐怕早不见容于他人，不如远远走开干净，还可以去重温那杭州风光。

正在享受阴凉的苏轼，被凉椅晃得昏昏欲睡，蝉鸣也像是催眠曲，引得他眼皮一开一合，堪堪就要闭上了。

“大人，驿站送来了——”一名侍者的声音突然响起，打断了他的周公之约。

苏轼坐起身，将蒲扇放在桌上，微怒道：“冒冒失失的，送来了什么？”

那名侍者自知打扰了主人休息，低下头轻声回道："送来了南剑州（今福建南平）曹辅曹大人给您寄的新茶，就放在您的书案上。"

说起来，曹辅足足比苏轼小了三十二岁，为人刚正不阿，满腔热血只求报效国家。只看年龄差，似乎他与苏轼之间隔着不窄的代沟，但他俩却是实打实的知心好友。兴趣相投哪管年岁，古来忘年之交也不是没有。

苏轼听说送的是茶，顿时来了兴趣。他起身去了书房，看见书案上果然放着一个用布匹包裹的物件，心中不免升起一股暖意。他来杭州不过一年，载德（曹辅的字）竟然赶在春季采茶时节，快马加鞭从福建给他寄来新茶，当真是情意深重！

层层叠叠的包装被解开，露出几枚团茶，还有一封曹辅写给苏轼的信，随信附了一首赠茶诗。

苏轼拿着信纸，在房内来回踱步，细细读了两遍。

曹辅此时正在福建做官，近水楼台先得月，他给苏轼寄来的是鼎鼎有名的壑源茶。

壑源隶属北宋著名的北苑茶区，《苕溪隐丛话》中就有记载："北苑茶，入贡之后，市无货者。惟壑源诸处私焙茶，其绝品可敌官焙。盖壑源与北苑为邻，山阜相接，才二里余，其茶香甘，在诸私焙之上。"

这是说壑源与北苑相距不远，北苑焙茶是宫廷贡品，壑源却属于私焙，历来是爱茶之人的心头好，不过不易求得。

读完信，苏轼又将诗句看了两遍，心头又是一热：载德真是个知心人，婺源茶难得，他知我爱茶，竟然专门去求访了婺源的茶户，还在信中仔细说明了婺源茶的饮用方法。

苏轼放下书信，拈起包裹中的一枚团茶，细细打量。这婺源团茶表面竟然涂有一层膏油，无论凑多近，都难以辨别茶叶的本来面貌。他琢磨着，或许拿水煎煮后会别有一番风味。

于是，苏轼吩咐侍者将茶具搬到屋内，也不顾炎炎夏日就开始点火煎茶。一番汗流浃背，煎茶的工序也到末尾，茶盏中已经香味四溢了。

他赶紧给自己倒了一杯，想要细细品尝一番。此时，他仍穿着汗湿的衣衫，手中蒲扇轻摇，却品饮热茶，画面实在滑稽。热茶刚入口，芬芳便在齿间四散，浓厚的茶味渐渐转为淡薄，咂咂嘴又开始回甘，确实是好茶！

他又低头看了看杯中茶色，摇了摇头，叹道："可惜，尚有不足。"

吃人嘴短的谚语在苏轼这里完全不适用，他喝了人家的茶，不光嘴上点评"尚有不足"，还准备作诗一首告知送茶人。这不，几杯茶下肚，"不合时宜"的苏大学士诗兴大发，研磨、铺纸、落笔，一气呵成写下《次韵曹辅寄壑源试焙新芽》：

仙山灵草湿行云，洗遍香肌粉未匀。
明月来投玉川子，清风吹破武林春。
要知冰雪心肠好，不是膏油首面新。
戏作小诗君勿笑，从来佳茗似佳人。

有意思的是，“次韵”二字意味着这首诗完全是按照曹辅那首诗的“韵”或用韵的次序写成的。作诗回信曹辅还不忘彰显一下自己的才华，不愧是苏轼。

诗句开头当然要客套一下，以夸为主，“仙山灵草”指的是壑源茶，“湿行云”则是套用了宋玉《高唐赋》中“旦为朝云，暮为行雨”句意，变相地夸壑源的天气。晴雨不定，茶树也就时常沐雨，本是自然现象，他偏要用“洗遍香肌”来形容。

接下来就是表达自己收到壑源茶的心情了，苏轼毫不吝啬地将曹辅本人夸了一通，顺带暗戳戳地表扬了自己。你瞧，“玉川子”是唐代著名茶人卢仝的别号，而用“明月”比喻团茶，正是出自卢仝的《走笔谢孟谏议寄新茶》诗中“手阅月团三百片”一句。“明月来投玉川子”可不就是把自己比作卢仝，把壑源茶比作明月嘛。

“要知冰雪心肠好，不是膏油首面新”，这句其实与“清风吹破武林春”遥相呼应。“武林春”是杭州灵隐山（即武林山）所产的一种草茶，它与团茶不同，并没有经过采、蒸、捣、拍、焙等工序，而是保持芽叶原貌的散茶。“膏油首面新”则是指表面涂有膏油的团茶。原本涂膏油是当时常见的一种制茶方法，奈何这种方法也有混淆品质的作用，常有“沙溪茶”面涂膏油充作“壑源茶”。宋代茶人黄儒也很关注这个问题，曾在《品茶要录》中写道：“凡壑源之茶售以十，则沙溪之茶售以五，其直大率仿此。然沙溪之园民，亦勇以为利，或杂以松黄，饰其首面。凡肉理怯薄，体轻而色黄，试时虽鲜白不能久泛，香薄而味短者，沙溪之品也。凡肉理实厚，体坚而色紫，试时泛盏凝久，香滑而味长者，壑源之品也。”因此，苏轼觉得，和以壑源茶为代表的“膏油首面新”这类团茶一比，杭州“武林春”这种不施粉黛的散茶反而是茶界清风，清新喜人。

说完大实话，他又觉得不妥，人家好心好意从福建寄茶过来，可别伤了小友的心，赶紧改口说：“戏作小诗君勿笑，历来佳茗似佳人。”意为：好茶似佳人，萝卜青菜各有所爱，众人标准不一。以上内容纯属我个人意见，你莫要发笑（生气）。

与“武林春”相似的草茶还有产于天竺香林洞的香林茶，同样不经碾压，秉承唐朝时的蒸青法。据南宋《淳祐临安志》卷九“香林洞”记载：“下天竺岩下，石洞深窈，可通来往，名曰‘香林洞’。慈云法师有诗‘天竺出草茶，因号香林茶’。其洞与香桂林相近。”

参考文献

1.〔宋〕沈括著，江富祥译注：《梦溪笔谈》，中华书局，2016 年。

2.〔元〕脱脱等撰：《宋史》，中华书局，2004 年。

3. 黄纯艳：《论北宋林特茶法改革》，《上海师范大学学报（哲学社会科学版）》2000 年第 1 期。

4.《浙江省茶叶志》编纂委员会编，阮浩耕主编：《浙江省茶叶志》，浙江人民出版社，2005 年。

5. 北京大学古文献研究所编：《全宋诗》，北京大学出版社，1998 年。

6. 叶恭绰编：《全清词钞》，中华书局，1982 年。

7.〔宋〕苏轼著，张志烈、马德富、周裕锴主编：《苏轼全集校注》，河北人民出版社，2010 年。

第八章

有钱有闲才能玩的好茶比拼大会

茶道文化发展到宋代已经渐入佳境，上到皇帝，下至平民，茶都不再只是一种解渴的工具，而被赋予了许多生活情趣。宋徽宗的《大观茶论》天下独绝，蔡襄的《茶录》独领风骚，他们都将品茶看成是一件诗意的事情。

宋代流行斗茶，每年春茶上市，大批爱好者就开始举行好茶比拼大会。地点随意，人数不限，无论是名流雅士还是贩夫走卒都爱参加。每次斗茶现场都引得街坊争相围观，很是热闹。

范仲淹是个斗茶大师，他被贬到睦州后丝毫不为前途发愁，而是一门心思扎进了睦州的茶海，与人斗茶。蔡襄是宋代茶学的集大成者，更是多次来到杭州，谁也没料到，这么一位大师斗茶竟然会输给一个杭州小女子。

一、被贬谪还有斗茶的闲情逸致

北宋明道二年（1033），三月春风拂面时正好宋仁宗亲政，他将被贬到偏远地方的范仲淹召回了京城。然而，一向敢怒也敢言的范大人还是没学会曲意逢迎。

这年年末，宋仁宗扭捏地表示自己另有心仪之人，想要废后，不出所料，范仲淹又是第一个跳出来反对的。

“官家，废后之朝，未尝致福。”当皇帝最忌讳的便是听到“国运不祚”四个字，结果范仲淹偏偏还不知收敛，给宋仁宗列举了好几个历史上因为废后引发内乱的故事。宋仁宗新君上任，第一把火还没烧起来，范仲淹就想提桶浇水，这可把他气坏了。一纸诏令，可怜的范大人又被踹去睦州任知州了。

好在，睦州并非穷山恶水的边远山区，而是远近闻名的鱼米之乡。范仲淹虽是外放，也不至于太糟糕。他倒是好心态，一听自己被贬去睦州，毫无悲愤之意，反而乐开了花，说：“素心爱山水，此日东南行。笑解尘缨处，沧浪无限情。”[1]意思是，山清水秀的睦州我早已闻名，终于有机会可以去瞧瞧了。

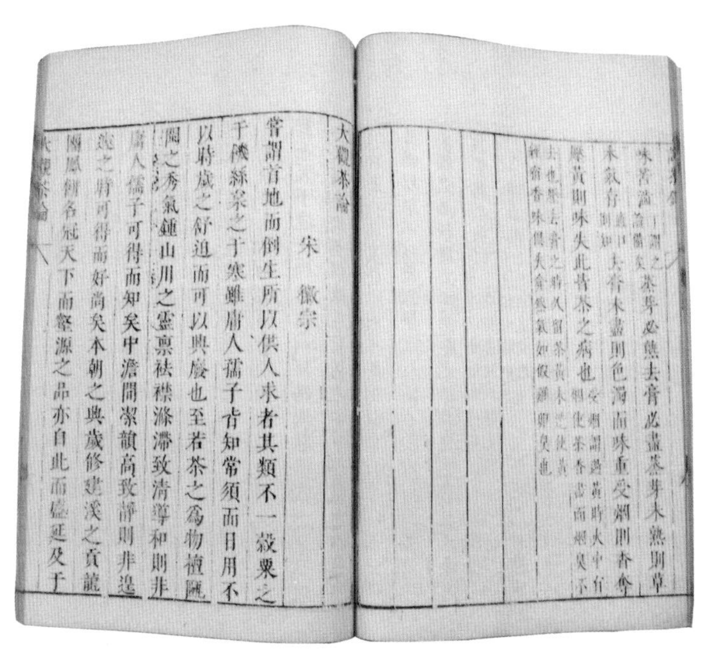

大觀茶論　宋　徽宗
嘗謂首地而倒生所以供人求者其類不一穀粟之
于饑絲枲之于寒雖庸人孺子皆知常須而日用不
以時歲之舒迫而可以興廢也至若茶之為物擅甌
閩之秀氣鍾山川之靈禀祛襟滌滯致清導和則非
庸人孺子可得而知矣中澹閒潔韻高致靜則非遑
遽之時可得而好尚矣本朝之興歲修建溪之貢龍
團鳳餅名冠天下而壑源之品亦自此而盛延及于

味苦澀……茶芽必熟去膏必盡茶芽未熟則草
木氣存……去膏未盡則色濁而味重受烟則香奪
壓黄則味失此皆茶之病也……

《大观茶论》书影

①范仲淹：《出守桐庐道中十绝》。

睦州在浙西，属内桐庐、建德、淳安一带多丘陵，盛产好茶。范仲淹这个爱茶的人去了睦州，就像鱼儿入了水，好不潇洒快活。这不，他本人就常常上山下乡，遍寻好茶。有次他来到桐庐，被漫山遍野的茶树夺走了目光，当即赋诗一首："潇洒桐庐郡，春山半是茶。新雷还好事，惊起雨前芽。"①

桐庐自古出好茶，建德又有号称天下第十九的严陵滩水。好茶遇上好水，激起了范仲淹的斗茶瘾。他一生交友无数，奈何睦州远在江南，与诸多友人只能书信来往。斗茶需要互相品尝对方的手艺，友人不在眼前，范仲淹只好另觅知己。

章岷出生于官宦世家，是宋仁宗天圣五年（1027）的进士。虽然他和范仲淹存在年龄、入仕时间、官阶等诸多差距，但丝毫不妨碍他俩成为亲密无间的茶友。

范仲淹任职睦州太守时，章岷正好担任他的从事（幕僚）。此人为人耿直，颇有才干，对茶事也十分精通。一来二去，范仲淹和这位年龄不大的属下就变成了忘年交。

到睦州的第二年春季，正是茶树出芽的好时节。范仲淹接到通知，严子陵的祠堂已经修葺一新。他迫不及待地想去看看，顺便一尝桐庐郡的春茶与严陵滩的好水。

他邀请了当地的一些文人雅士，浩浩荡荡地来到了码头。望着平静无波的水面，他突然想到个好主意，对随行的章岷说："伯镇（章岷的字），不如我们趁此机会开一场斗茶盛宴，如何？"

章岷也是风雅之人，同时对这位太守大人想到哪出

①范仲淹：《潇洒桐庐郡》。

是哪出的性格早已见怪不怪，便一口答应下来：“当然好，我立刻去取煎茶的用具。”

他们带上茶具，先顺着一江春水来到桐庐，取了一些新制好的春茶，再掉头驶向严陵滩。终于来到严陵滩，章岷与侍从们先行一步在滩上摆好桌椅碗筷、汤匙茶盏、炉炭炊具等物件。

范仲淹和一干人等下了船，只见碧波荡漾、天朗气清，他高兴地说：“陆羽在《茶经》中说‘睦州好茶生于桐庐县山谷’，又将严陵滩水评为天下第十九。我们新摘的天尊岩茶与鸠坑毛尖大概就是茶圣所说的睦州好

严子陵钓台旧影

茶吧！”

参加斗茶宴的人见章岷已经在滩上摆好一应用具，也都拿出了随身携带的好茶。原本游山品茶就受到宋初文人与达官贵人的青睐，后来又衍生出斗茶、点茶与分茶等形式，其中斗茶是最能提起人的精气神的一项活动。

斗茶即各人拿出自己的茶叶，或是贡品饼茶，或是名茶，或是散茶，斗茶的水也由自己准备，有人崇尚名泉水，有人喜爱上好的江、河、雪水，各自携带的斗茶器具也是一等一的精美。

斗茶步骤繁杂，炙茶、碾茶、罗茶、候汤、熁盏、点茶缺一不可。炙茶时若是新茶，可以直接碾罗；若是陈茶，则需要先放置在干净的器皿中加沸水浸泡一会儿，刮去表面一层膏油后用茶钤夹出，放在小火上炙烤，彻底干燥后才可碾罗。

茶备好后要用干净的纸包裹住，用小锤击碎后再放入碾中，反复滚动碾轮，直至茶末呈粉白色。碾好的茶末需用细孔罗筛选，这样得来的茶才会出现饽沫，否则就会沉在汤底。

候汤最难：倘若汤水未熟就放入茶末，会导致饽沫漂浮而不融化；倘若汤水过熟再放入茶末，会导致饽沫下沉。因为宋时斗茶不似唐时采用无盖茶鍑，而是用带盖的茶鍑，所以一到这一环节，范仲淹、章岷等人都顾不得玩笑了，全神贯注地侧耳倾听汤瓶中的动静，以此判断汤水的状态。

汤水初沸时如小虫啾啾而鸣，二沸时如大车吱呀而行，三沸时如林间松涛不绝。严陵滩上，几名平日里斗惯了嘴的士大夫们此时都没了言语，纷纷守着自己眼前的茶具，只等二沸三沸之间，迅速揭开盖子倒入筛好的茶末。

茶汤煎煮好后，点茶前还需用热水将茶盏烫热，再用瓢分茶汤至各盏中。点茶才是斗茶的高潮，讲究多多：茶少汤多，则云脚散；汤少茶多，则粥面聚……点茶时需在短短几分钟内注水七次，才能使茶末与水相融，饽沫咬盏。由于饽沫乃茶之精华，所以分茶时更要注意平分饽沫至每个茶盏中。

“伯镇，我的茶可已经煎好了，你可敢与我一斗？”范仲淹对煎茶火候的拿捏与点茶的把握都相当老到，此时，他手中正端着一盏色白如奶的茶汤，志得意满地向章岷挑衅。

章岷也不服输，笑道：“大人，你怎么确定就一定会胜过我呢？”

两人分别端出自己制好的茶汤，准备同台比较。一轮品尝过后，双方未能决出高下，两人的茶汤实在都相当味美。接下来，便是比较“斗茶诗”的水平了。

范仲淹信心十足，让章岷先作斗茶诗，自己后作。章岷也不推辞，起身散步找到灵感后，立即回到座位上写下心中所想。落笔无改，他将纸上诗句念了出来。

听完章岷的斗茶诗，博学多才的范仲淹才发现自己低估了这位小友，他喃喃道：“此诗真可压倒元、白。”

章岷闻言，谦虚地笑着说：“大人谬赞了，期待您的大作。”

范仲淹还在回味章岷诗中的好句子，冷不防众人纷纷起哄，要听听太守大人的高作。他站起身，略行了一个茶礼，拿起手边的茶盏饮了一口。身旁侍候的随从将蘸好墨的毛笔递给他，便悄悄退下了。

两岸寂静无声，只有严陵滩水在缓缓流动。大约一刻钟，范仲淹的斗茶诗《和章岷从事斗茶歌》才完成。

大家看他停笔，一齐涌上前来观看茶诗，只见纸上写着：

年年春自东南来，建溪先暖冰微开。
溪边奇茗冠天下，武夷仙人从古栽。
新雷昨夜发何处，家家嬉笑穿云去。
露芽错落一番荣，缀玉含珠散嘉树。
终朝采掇未盈襜，唯求精粹不敢贪。
研膏焙乳有雅制，方中圭兮圆中蟾。
北苑将期献天子，林下雄豪先斗美。
鼎磨云外首山铜，瓶携江上中泠水。
黄金碾畔绿尘飞，碧玉瓯中翠涛起。
斗茶味兮轻醍醐，斗茶香兮薄兰芷。
其间品第胡能欺，十目视而十手指。
胜若登仙不可攀，输同降将无穷耻。
吁嗟天产石上英，论功不愧阶前冥。
众人之浊我可清，千日之醉我可醒。
屈原试与招魂魄，刘伶却得闻雷霆。
卢仝敢不歌，陆羽须作经。
森然万象中，焉知无茶星。
商山丈人休茹芝，首阳先生休采薇。
长安酒价减百万，成都药市无光辉。
不如仙山一啜好，泠然便欲乘风飞。
君莫羡花间女郎只斗草，赢得珠玑满斗归。

“当真是好诗，好诗啊！”

“不愧是范大人，意境悠远，这下睦州要纸贵了。”

章岷细细品读了范仲淹的茶诗后，在心里赞叹：几句话便交代清楚了斗茶的全过程，言近旨远，与卢仝最负盛名的《走笔谢孟谏议寄新茶》也不相上下了。

确实，范仲淹的茶诗中详细解构了今日斗茶的一系列细节。

煎茶使用的是铜壶，水则是严陵滩水。煎煮茶叶前要用黄金制成的碾子将它们碾碎，这样才能使煮好的茶汤出色更浓，便于取胜。

说完茶色之后便是茶味，上好的茶汤一尝会有醍醐灌顶般的清新之感。一盏茶端在手里，碧玉瓯盏中飘来阵阵茶香，如香草兰芝。

古往今来，茶与文士如影随形。他们以茶待客，以茶礼佛，以茶敬祖，茶早已不是一味简单的调料，而被赋予了新的文化。到了宋代，更是出现了以范仲淹为代表的斗茶之风。今天，虽然斗茶已经销声匿迹，但这种以茶会友的文化却悄悄融入了我们的生活。

二、蔡襄杭州两月游有感

北宋皇祐二年（1050）十一月，福建仙游县丝毫不受萧瑟北风的影响，到处一片翠绿。若不是朝廷召见，让他赴任右正言、同修起居注之职，蔡襄还真不想离开这个冬季都温暖如春的城市。

漫长回京之路，若只是疲于奔命岂不是浪费似水年华？蔡襄是个懂生活的人，他将回汴京的路线规划成了一条访友游玩的旅游路线，杭州便是重要的一站。一路颠簸，蔡襄到达杭州时已是初春。

他在钱塘有旧友，在杭州耽搁了足足两个月才启程回京。初夏时分，蔡襄已经收拾好包袱准备继续北上，临行前他突然想到了前几日在街上邂逅的好友冯京。

冯京原是鄂州江夏人，是北宋皇祐元年（1049）的己丑科状元。英雄惜英雄，早在汴京时，蔡襄就与他相识，奈何后来两人各自外调，再无相见叙话的机会。蔡襄从福建回京前就接到冯京的书信，请他去家乡钱塘一游。

那日两人在街头偶遇，都激动得不得了，直说要找家酒馆不醉不归。

蔡襄望着自己的行李叹了口气，心想：那晚光顾着喝酒，后来醉得不省人事，还没来得及好好和好友聊聊，北方就来人催我上路了。不行，我得给他留一封手札。

他放下手中的行李，转去拿来笔墨纸砚，写下《初夏帖》：

> 襄得足下书，极思咏之怀。在杭留两月，今方得出关，历赏剧醉，不可胜计，亦一春之盛事也。知官下与郡侯情意相通，此固可乐。唐侯言："王白今岁为游闰所胜，大可怪也。"初夏时景清和，愿郡侯自寿为佳。襄顿首。通理当世足下。大饼极珍物，青瓯微粗。临行匆匆致意，不周悉。

此帖言简意赅，大意是说：我收到你的书信后，十分感激，在杭州停留的这两个月，我观赏了无数的斗茶场面，当真是杭州春季的一大盛事啊！那日留意到你即将任职的地方，正好与你的气质相合，这可是一件值得高兴的事情。唐询说："王白今年斗茶竟然输给了游闰，真是奇怪。"初夏风景清和，衷心地祝愿你保重身体。

王白、游闰、冯京、唐询与蔡襄都彼此相熟，又同是斗茶圈中人。当时，唐询正任职福建路转运使，王白与游闰的斗茶结果一出来，他立刻就给蔡襄写了信，将这条战报转达给他。

在蔡襄看来，王白输了确实也是桩稀奇事。他在《初夏帖》中向冯京转达问候的时候，还不忘将这条消息转告给冯京。想来平时王白作为一个斗茶常胜将军，肯定也赢了他们几人不少次。

在斗茶这个圈子里，蔡襄可不仅仅是名看客。他涉

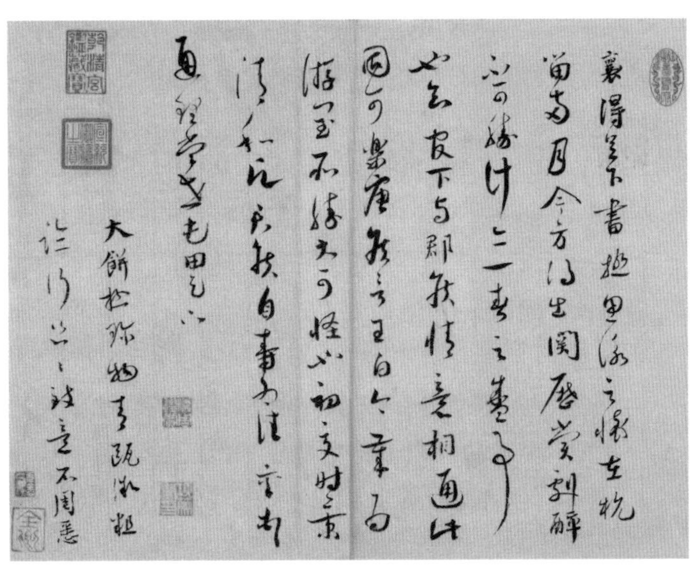

〔宋〕蔡襄《初夏帖》

猎众多，是个制茶、点茶、斗茶的高手。他来到钱塘时正赶上春茶上市，市面上的斗茶活动一日比一日精彩，他表面说是好友挽留，其实是自己贪恋杭州的斗茶盛会，这才一直逗留到北方派人来催促上路。

蔡襄在宋代的茶史上可是个大人物。他创制了“小龙凤团茶”，又在皇祐年间撰写了茶学巨著《茶录》，是当之无愧的茶人。《茶录》序言就是他的初衷：“昔陆羽《茶经》，不第建安之品；丁谓《茶图》（指《建安茶录》），独论采造之本，至于烹试，曾未有闻。”所以，他便要做那烹试第一人。

原本北宋士人就向往精致的生活，将茶看作生活必需品。就连当时的政治家王安石，都在《议茶法》中说：“夫茶之为民用，等于米盐，不可一日以无。”其实，宋代饮茶蔚然成风还得益于宋徽宗的推广，他的《大观茶论》天下传抄，其中“本朝之兴，岁修建溪之贡，龙团凤饼，名冠天下”更是向天下言明龙凤团饼的珍贵。

“龙凤团饼”的历史绕不开“前丁后蔡”，一看就知，蔡即指蔡襄，是他创造了“小龙凤团茶”。

丁指的是丁谓，他率先用模具创制了有龙凤图案的团茶。据熊蕃的《宣和北苑贡茶录》记载：“圣朝开宝末、太平兴国初，特置龙凤模，遣使臣即北苑造团茶以别庶饮，龙凤茶盖始于此。”

蔡襄和茶的缘分极深，与杭州的缘分也并未断在这个初夏。桌上的《初夏帖》已经完成，蔡襄交代手下替他将帖子送到冯京的住处，才背上包袱继续北上。

钱塘初夏的街巷被日光照得明晃晃的，远处渡口的水面更是金光闪闪。蔡襄登上了去汴京的客船，心中叹息：不知何时才会再来杭州？

这个愿望一直到北宋治平二年（1065）才得以实现。

三、斗茶大师输给了一个小女子

北宋治平二年五月，喧闹的码头上人来人往，运货的船与载人的船挤在一处，时不时爆发出争吵声。下船的人排成小队，一位身着蓝袍、面容和蔼的中年人走在最后，他看似并不着急下船，但眼睛已经迫不及待地打量起了岸边的场景。

总算下了船，这人目视前方，轻车熟路地绕过几个岔路便离开了码头。船夫本来见他是个生面孔，这下却觉得他对杭州城甚是熟悉，或许是衣锦还乡也不一定。

这人直接走到了知州府门前，向衙役出示了自己的上任凭证，上面明明白白地写着“蔡襄”二字。原来，再次出知杭州的蔡襄，轻衣简从地回到了这个茶文化的天堂。

蔡襄和茶的缘分还未中断，早在皇祐年间他就写成了《茶录》，但他对茶的兴趣不减反增。此次出知杭州，正好在闲暇之余可以四处品尝香茗，加以记录。

治平三年（1066）五月六日，杭州知州书房里的火炉尚且冒着余烟，炉上的香茗已经全部倒入几个茶盏中。坐在案旁的蔡襄一边品茗，一边在手边的小册上记着什么。他叹了口气，感叹道：“真是好茶，可惜无人共赏。”

夜里掌灯时分，屋外十分静谧，屋内的蔡襄却翻来覆去睡不着。他今日尝了卧龙佳茗，味道绝佳却无人可以诉说，当然憋得慌。

蔡襄又辗转反侧了一会，终于耐不住性子，披衣来到书案前坐下。他拿过纸笔，想了想，得将这个发现告诉张岷，便提笔写道："春三月，湖上闲游，时有篇什，今录数首，要之虽老，尚管领风物耳……卧龙珍茗，犹在日铸之上。"

这里的"日铸"指的是"日注"，是越州地区的一座山。张岷就是越州人，对日注再熟悉不过。日注产好茶是欧阳修都曾盖章承认的："草茶盛于两浙，而浙之品，'日注'为第一。"张岷与蔡襄都好饮茶、斗茶，所以两人结为好友，每每有一方尝到好茶，必定会用书信告知对方。

在杭州任职期间，蔡襄除了饮茶品鉴，还参与了多次斗茶活动，几乎每年的春茶上新会上都能看到他的身影。众所周知，他是个斗茶的高手，虽偶有败绩，却不容小觑。

杭州饮茶之风日盛，斗茶人才百出。估计谁也没想到，蔡襄在这里斗茶竟然会输给一个小女子，还是多次输给同一个人。

蔡襄出任杭州知州时，当地有一名唤作周韶的营籍女子因姿容出众，又精通琴棋书画，素有美名。周韶作为杭州名妓，时常与达官贵人往来，也听说了蔡襄的一些事迹。她的诗句颇佳，更爱收集一些"奇茗"。

如果说蔡襄是舍不得错过任何一场斗茶盛会，那么周韶就是杭州斗茶盛会的特邀贵客。周韶在茶学方面颇有心得，一听蔡襄这位茶学大师正在杭州任职，便打定主意要和他斗一次茶。

那日，周韶无心应酬，简短地写了两行字，吩咐身边的丫鬟送到知州府去，并吩咐丫鬟："就说是周韶给知州大人的请帖。"

丫鬟接过小帖，一刻不敢耽搁，小跑着去知州府交给了门房。门房一听下帖的人是远近闻名的周韶，也不敢耽误，立刻就送到蔡襄面前。

"哈哈，这哪是请帖，分明是战书。"蔡襄手中是展开的小帖，帖中大意是久仰知州大人茶名，小女子周韶对斗茶一事也颇有心得，不知可否邀请大人一聚，共研香茗。末了，周韶还附上了一家茶馆的店名与时间。

周韶其人，蔡襄也略有耳闻。面对佳人邀约，又是共商茶事，他怎么好拒绝呢？果然，他放下小帖，叫来门房，说："告诉送信的人，蔡某一定赴约。"

得了这句应承，周韶也开始早早作起了准备。她将自己平时收集的一些好茶拿出来，又更换了一些新的茶具，几乎是倾其所藏。蔡襄也十分重视这次名为品茶实为斗茶的活动，提前将那日的日程安排好，就怕有俗事打扰。

这日，周韶带着茶具早早地来到茶馆雅间等待。蔡襄按时赴约，一进门，便见一位身穿白衣的妙龄女子正端庄地坐在桌旁，笑意盈盈地望着他。

"你就是周韶？"蔡襄发问。

"正是，小女子恭候蔡大人多时。"

蔡襄连忙表示，今日之约是两个茶人的切磋，无关官职地位，大可畅所欲言。二人寒暄了一阵，就开始题诗品茗。双方你来我往，一口气便题了二三十首诗，蔡襄对周韶的才学大为赞叹，颇有相见恨晚之感。直到备下的纸张告罄，题诗品茗的环节才算完结。周韶细心地将写满了诗句的纸张收起，拿出独家珍藏的几品好茶，说："大人，小女子素来喜爱收集些好茶，煎与您尝尝，还望大人不吝赐教。"

蔡襄了然于心，也拿出自己带来的好茶与好水，准备与她斗茶。二人点茶、分茶的功夫都十分娴熟，身旁的丫鬟只见两人的手在杯盏间不停来回穿梭，眼见一汤、二汤、三汤、四汤陆续完成，她连娘子和蔡大人的一个动作都还没琢磨明白。

"蔡大人请。"

"你也请。"

蔡襄与周韶端上自己调好的茶汤，递给对方品尝。

只尝了一口，蔡襄便知道自己可能要输了。周韶的茶汤色白味浓，无论是茶味还是茶色都比他的好。虽然还有斗茶诗这一环节，但刚才题诗品茗时蔡襄已经见识到周韶的诗才，自己未必能占上风。

他笑着摇了摇头，说："自愧不如，自愧不如。"

周韶也知蔡襄并非谦让，只是笑而不语。

这样的斗茶会由周韶出面，邀请了蔡襄多次，颇有茶学造诣的蔡襄却屡屡败北。想来周韶早有耳闻蔡襄大名，每次斗茶都会竭其才智，倾其收藏。斗茶时，她往往将茶理说得头头是道，就连蔡襄都汗颜不已。况且，周韶喜欢收藏“奇茗”，自然是蔡襄的凡品无法比较的，所以蔡襄与她斗茶几乎都以失败告终，两人也在吟诗斗茶中加深了了解，互相引为知己。

一日，二人又约在第一次见面的茶馆内斗茶，尚未尽兴，周韶带来的纸张又一次告罄。正当她想要吩咐丫鬟立即去买些时，茶馆的老板却冷不丁地出现在门口，笑着说：“娘子与蔡大人多次在小店题诗品茶，如此雅事当真令小店蓬荜生辉，小人看也无须纸张，二位直接在墙上题诗如何？”

老板倒是个明白人，墙上留了周韶和蔡襄的笔迹，他的茶馆连广告都不用打就会客似云来。蔡襄心中一动，稍一思索便拿着笔在墙上写道：“绰约新娇生眼底，侵寻旧事上眉尖。问君别后愁多少，得似春潮夜夜添。”

周韶看出了诗中对自己的赞赏之意，蹙眉想了一会儿，提笔在蔡襄狂乱的字迹旁写下自己的和诗：“长垂玉箸残妆脸，肯为金钗露指尖。万斛闲愁何日尽，一分真态更难添。”

蔡襄看后哈哈大笑：“当真是好诗，和得好。”

在随后的斗茶中，蔡襄不出意外地又输了，他也对周韶更欣赏了，这两首诗则留在了茶馆的墙上，供后来人品评。

到了北宋熙宁四年（1071），苏轼因怒怼王安石变法被贬杭州。一日，他应邀拜访陈述古，被对方请到附近的小茶馆饮茶。品评香茗间，苏轼看见墙上有几句小诗，仔细辨认后发现竟然是蔡襄真迹。

墙上的字正是蔡襄与周韶那次品茶斗茶时所留的那两首诗。苏轼招来店家询问后知道是蔡襄与周韶所留，欣喜不已，后又多次去那茶馆欣赏、品评。

有了苏轼的背书，后来的文人和爱茶者都纷纷来此一观墙上手迹，因此这家茶馆的生意也异常火爆，天天都座无虚席。

杭州也因为蔡襄与周韶斗茶的事迹而名气大涨，从此茶的符号就与杭州更深地烙印在一起。这不是杭州和茶文化的开始，更不会是结束。随着越来越多的百姓开始钟情于茶，杭州这片土地上关于茶的故事也越发多了，成为我们了解那段历史乃至那个时代的佐证。

参考文献

1.〔宋〕苏轼书，方传鑫编：《天际乌云帖》，上海书画出版社，2002年。

2.〔宋〕范仲淹著，李勇先、王蓉贵点校：《范仲淹全集》，四川大学出版社，2007年。

3.〔宋〕王安石撰，王水照主编，聂安福等整理：《王安石全集·临川先生文集》，复旦大学出版社，2016年。

4.〔宋〕赵佶等著，沈冬梅、李涓编著：《大观茶论》，中华书局，2019年。

5.〔宋〕熊蕃撰：《宣和北苑贡茶录》，中华书局，

1991 年。

6.〔宋〕欧阳修撰，林青校注：《归田录》，三秦出版社，2003 年。

第九章

日僧成寻在杭州与茶结缘

一、初来乍到就有一杯茶汤喝

北宋熙宁年间（1068—1077），有一位日本僧人不惧风大浪急，漂洋过海来到宋朝。

这人便是日本高僧成寻。他来到宋朝后，写了一本《参天台五台山记》。这本形似日记的小书忠实地记录了成寻登岸后，在北宋的所见所闻。其中最引人注目的就是他在北宋的日子，几乎日日与茶相遇的奇妙缘分。

成寻是日本草书大家藤原佐理之子，出身于贵族家庭。他七岁时，就到岩仓大云寺学佛，所学虽多，但大体仍属日本佛学流传。后来，他凭借辛苦修习成了岩仓大云寺的住持。出于对宋朝佛法的向往，又受部分到过宋朝的日本高僧影响，成寻对宋朝的佛修圣地天台山和五台山充满向往。

北宋熙宁五年（1072）三月上旬，成寻与弟子赖缘、快宗、圣秀等，一行八人乘坐宋朝商人的船只，从日本出发，前往宋朝。之所以是商船，是因为此前成寻曾两次向日本天皇上书，申请来宋，都不获许。无奈之下，他只得寻得一艘民间商船，偷偷出发。

船只在波涛起伏的大海上漂泊了近一个月，终于在四月上旬到达宋朝。

四月十三日，成寻乘坐的商船就到达了杭州府的辖区内。船只一到码头，成寻就为杭州府的繁华富丽而惊叹。他没想到连码头都出乎意料地繁荣，那一日成寻在日记里这样写道："……及江口，河左右同前，大桥亘河，如日本宇治桥，卖买大小船，不知其数。……大船不可数尽。"到杭州后，成寻和弟子们在十五日吃到了被切成段的甘蔗。

解决了在杭州府的住宿问题后，同行的林廿郎、李二郎以及开船的吴船头，与成寻等人约好一同闲游杭州的夜市。宋朝时，杭城夜市的兴旺繁荣难以言喻，成寻这个外乡人更是看得目不暇接。在夜市上，成寻第一次发现宋朝的饮茶风气之盛。

那时集市四通八达，每条道路上都是人来人往，路旁开了不少茶舍，专门卖茶汤供行人解渴。每碗茶汤只需要一文钱，而且那茶汤还是用银器盛着的。成寻没有花钱吃上一盏，只是站在一旁瞧着，心里琢磨这茶汤的做法。

杭州城的繁华耽搁了成寻几日，但他并未忘记自己最重要的任务。先前预备投宿时，便有官吏告诉他如果想顺利到天台山巡礼，需要到杭州府衙办理相关文书。

北宋熙宁五年四月二十六日，成寻和商人陈咏一起到杭州府衙递交办理文书所需的材料。

他们穿过府衙的正门，发现走廊处竟有人在点茶。这是成寻初次见到与流行于日本国内的唐时煮茶法不同的点茶法。点茶，即是先将茶饼慢慢碾碎，再取适当茶末于茶盏中待用；紧接着注入少许沸水于茶盏中，调成膏状；再注入适当沸水调制开，目的是使茶末上浮，形成粥面。反复七次，茶汤也就成了，便可慢饮。

调制好的茶汤盛在光鲜亮丽又有漂亮花纹的银制器具中。成寻仔细嗅闻廊中的茶香，他感觉这种新式制茶法比唐朝的煎煮法更容易令茶出味儿，茶香更加醇厚。

“禅师，吃杯茶。”

面对这位陌生人递过的茶盏，成寻谢过并拿来细细品尝了。果然如他所料，和日本的煎煮法大有不同。

点茶法最初是一种新兴的风尚，往往流行于贵人文士间。对成寻而言，这是一次焕然一新的茶味体验。他此时还不知道，这盏茶汤只是第一杯，在之后的路途中，他还会不断受到各地官员和各处庙宇的点茶接待。

二、回国前想带走一只宋朝的茶碗

成寻在杭州府衙递交文书后，本以为需要静候几日才会有回音，没想到他回到张三郎客店的第二天，就迎来了杭州官府派来的使者。

“禅师远道而来多有不便，这些使者会详细给你说明杭州地界的事物。”

领头的人说着就示意几名使者向成寻见礼。

成寻向使者打听了一下移文获批需要的时间，又听使者说了一些当地的风土人情，并表示想移锡到寺院居住。

四月二十八日，天气大好。一大早，杭州官府的使者就来了，告诉成寻，可移锡位于南屏山的兴教寺。同时，官府还为他们准备了两贯钱和一乘阇梨轿子（僧人专用的轿子）。

“禅师，明日请早赴兴教寺斋。”

成寻十分感激使者的提醒，决定第二天一早就与徒弟们前往兴教寺。

二十九日，成寻一行人早早地来到了兴教寺。兴教寺的寺主和一众僧人知成寻前来寺内暂住，纷纷前来相见。这一日，成寻主要是被寺僧们领着在兴教寺各处游览，参拜各殿佛像。近午时，寺主邀请他们共食斋饭。

用过斋饭后，成寻等人回禅房休息，兴教寺的大教主十分热情，要请成寻吃一次茶。这次，成寻总算是近距离将点茶的步骤看了个真切。

大教主用茶碾将茶叶碾成末，选取适量的茶末放在茶盏中。又命一名小僧去取一壶泉水，就着给佛祖贡茶的壶烧水加热，然后在盏中添入一些沸腾过的泉水，手中拿着茶筅不停地搅弄。加过一遍水后还要再加一遍，每加一次水，茶盏中的沫饽都变得更丰富细密些，前后共加了七次沸水，这点茶才算完成。

吃茶完毕，寺内的大、小教主又送给成寻许多茶药。

成寻得知离兴教寺北二里处还有一座净慈寺，便打算去参拜一番。

一路不停歇地来到净慈寺后，他十分诚恳地参拜了寺内的释迦像和五百罗汉院。寺内的老教主敕赐达观禅师与他交谈甚欢，还邀请他一同吃茶。

随后几天，成寻也没有闲着，在住处接待了各寺来访的僧人，谈禅说佛，好不热闹。其中灵隐寺和明庆院的僧人得知成寻将启程去往天台山巡礼，都送了他极其珍贵的茶叶。这些茶叶都装在宝瓶内，既能防潮又方便成寻在路上取用。

杭州官府的办事效率极高。在五月三日这天，商人陈咏即告诉成寻，他已经拿到“杭州公移”。先前成寻去官府提交文书就是为了拿到这凭证，拿到公移就意味着他的行动将不受限制了，可以在宋境内自由行走。当时苏轼正好任杭州通判，成寻是否与苏轼有过交往我们无从得知，但成寻身处杭州，与苏轼有过交往也未可知。

唐白釉茶碾

文书既已拿到，成寻也不再耽搁，当即收拾行囊就去天台山了。途中，他们多次借宿在百姓家，遇着家中阔绰的，还会请他们吃茶。成寻知晓点茶是样费工夫费钱财的活动，五月十三日在离国清寺不远的陈七叔家吃茶时便想付钱，陈七叔坚持不收。如此，成寻只能赞叹宋朝饮茶风尚之盛，就连山野百姓也懂品茗。又赞叹宋朝民风淳朴，寻常人家也愿为了他们一行人点茶，可见礼数之周到。

五月十二日这天，成寻终于来到自己梦寐以求的天台山。准确说来，十二日这天他们才进入天台县，十三日这天才真正来到了位于天台山的国清寺。国清寺极大，桥殿纷繁，松柏成林……这些景象都记录在了成寻的《参天台五台山记》中。进入寺内，国清寺的正、副寺主和十余个僧人正站在大殿外迎接他们。

成寻没想到，刚落座，第一件事便是吃茶。后来被人带到宿房，众人又一起吃了茶。这些吃茶的画面都给成寻留下了很深的印象。

这天，国清寺内有大礼。寺主测算吉凶后，领着一众僧人一起参堂烧香，并在敕罗汉院内的罗汉木像前设了许多茶器，继续第二轮烧香礼拜。成寻之前在日本时从未见过寺院大礼与茶结合的场景，他的心情非常激动，时时留意四周的陈设与寺院茶礼的讲究之处。

在国清寺修行期间，成寻见得最多的估计都不是僧人，也不是来参拜的善男信女，而是茶。当住持僧人念了《法华经》后，大家需要一起品茶、吃杨梅；当用过斋饭后，僧人们还要聚在一起用一次茶汤；当寺中有贵客来访时，成寻也会陪同寺主，为其点茶以示礼遇。

五月十八日这天，寺主邀成寻几人一起攀登天台山，称天台山有定惠真身塔院、石象道场等高僧身前遗迹。成寻喜不自胜，一心想去见识高僧们的生活遗迹。他们上到天台山最高峰——花顶，见到山下茶树成林，旁有竹林摇曳，此情此景令人心旷神怡。下山后，为了缓解疲劳，又有僧人为他们点茶。

到八月时，成寻意识到，天台山之旅差不多该结束了，下一站五台山还在等待着他。然而，去五台山可不是件容易的事，即便他有公移在身，也需经过枢密院的批准。于是，成寻向台州府申报了此事，台州府又将此事申报给了中央枢密院。

原是一件小事，没想到却惊动了宋神宗，宋神宗当即允了这件事，还下了一道圣旨，要求台州府派兵将成寻等人一路护送到汴京（今河南开封），务必确保他们的安全。此外，宋神宗还叮嘱台州府多予成寻一行人一些盘缠。

宋建窑柿釉兔毫盏

成寻在参拜完五台山诸寺后便去了汴京，在延和殿拜见了宋神宗，两人进行了一番友好的交谈。当宋神宗特意询问成寻有无什么物件想带回日本的时候，成寻除了要佛经等赏赐外，还特别提了一句："陛下，贫僧还想要一只宋人的茶碗。"

成寻来宋朝这一遭，早就见到宋朝饮茶风尚之变与革新，与日本大为不同，因此他特地提了想要一只茶碗，便是想为此行留个纪念。宋神宗当然允了他的请求，不仅如此，还颁了一道旨意，让成寻等人可任意往来于汴京各处寺院，他在游历这些寺院的过程中，对"茶禅一味"的理解也越来越深了。

这次宋朝之旅给成寻留下诸多美好的记忆，每一次吃茶都被他记在心间。他想，等归国时，不止要带回崭新的佛教理论与众多经书，还要将宋朝的新风尚——点茶法一并带回日本，广为传播。可惜，成寻来到宋朝时已过花甲，又因为始终旅途劳顿，身体一日比一日弱，最终于元丰四年（1081）在汴京开宝寺圆寂。

虽然成寻并未完成自己的夙愿，但同行的僧人中的五位后来回到日本，将这段旅行大肆宣传，并将杭州净慈寺的茶礼、兴教寺的茶宴、如今宋朝时兴的点茶法等，统统传入了日本。可见，早在北宋时期，中国茶礼便由日本僧人带回国内，并在漫长的岁月里学习发展。

参考文献

（日）成寻著，白化文、李鼎霞校：《参天台五台山记》，花山文艺出版社，2008年。

第十章

被称为龙井三贤的这三人

北宋元丰二年（1079），著名的辩才法师从上天竺退居到老龙井寿圣院。他为了方便用茶待客，亲自在狮峰山麓开辟了一片茶园，品茗诵经、以茶学文，过着清静的隐居生活。

龙井茶这一名称最早是以产地命名的，辩才算是在龙井种茶的开山祖。在他退居老龙井的这段时间，常有访客前来与他品茶论道。辩才法师与苏轼、赵抃是旧识，他们三人常在老龙井品茶叙话、吟诗唱和，留下了不少美谈。

一、一代高僧养老时打造的杭州名片

人们一听“龙井”二字，必定会联想到“龙井茶”，然而“龙井”的含义众多，可不仅仅指代一种茶叶，它既是地名、泉名、茶叶名、茶树品种名，又是一种制茶工艺的称谓。

“欲把西湖比西子，淡妆浓抹总相宜”是苏轼为杭州写的旅游词，西湖也是杭州知名度最高的城市名片。而在人们的潜意识中，“西湖”二字常常与“龙井”二字搭配使用。

“西湖龙井”闻名世界，它真正的发祥地却并不在西湖，而在狮峰山麓。

元丰二年的某一天，原本日日香火不断、人声鼎沸的上天竺寺突然像被人按下了静音键，寺庙中没有了诵经声，只有几声鸟鸣在林间回荡。威严的大雄宝殿内站着密密麻麻的僧侣与香客，他们一言不发地望着坐在蒲团上的辩才法师。

辩才法师已年逾古稀，他瘦削的身体笼在袈裟中，并不打算收回自己说出的话。他年岁已高，上天竺寺又香火鼎盛，繁忙的日常事物常常累得他喘不过气，是时候退休养老去了。

上天竺寺的历史长达百年，历代住持都想重振当年的辉煌，但都心有余而力不足，直到辩才出现才打破了

上天竺（老照片）

这一局面。

当年，二十五岁的辩才因道行高深，名震吴越。连远在汴京的官家宋神宗都听说了他的名号，还赐他紫衣袈裟和“辩才”的法号。

有这么一位经过皇帝认证的高僧坐镇，上天竺寺的地位自然今非昔比，说是闻名全国也不为过。吴越人对辩才更是推崇，他们争先恐后地檀施皈依，还出钱将古朴的上天竺寺好好修整了一番，“增广殿宇”“几至万础”，自此，“殿皆重檐”的上天竺寺吸引了数倍于前的僧众，成了名副其实的大寺。

而现在，辩才法师垂垂老矣，上天竺寺也成长为一座名刹，他终于可以放下事业投入自己的养老生活了。他说：“寺中事务繁多，我疲于应对，哪里有清静幽僻的地方，我想搬去安养晚年。”

既然法师心意已决，上天竺寺的僧人们也不再挽留，而是决心为法师找一处优美的养老之地。他们四下寻觅既满足幽静条件，又不至于让法师独自生活的场所。

不久后，他们打探到西湖南山龙井一带有一座寿圣院，隐藏在如海的竹林中，下山的石阶依然牢固，可院内早已空无一人，仅存“蔽屋数楹”。众人寻去一瞧，这院子条件倒是合适，但是房屋均已破败不堪怎么配得上德高望重的辩才法师？不行，不行。

有地方乡绅立刻接话：“怎么不行？我们花点儿钱重建寺院，既清静又舒适，可不就行了？”众人幡然醒悟，还是这老兄有办法。

可是还没等众人重建寿圣院，辩才法师就迫不及待地搬过去了。刚入院那会儿，真是艰苦，出行的石阶因常年覆盖落叶遍是青苔，辩才法师需拄着竹杖才能防止打滑。瞧见这一幕的乡绅立刻召集了辩才法师的信徒，提议赶紧重建寿圣院，不能再让辩才法师受这样的罪。

众人拾柴火焰高，原本摇摇欲坠的寿圣院没多久就被银两堆成了一座崭新的佛寺，“庐具像设，甓瓦金碧，咄嗟而就”。这样辉煌的建筑或许能吸引一般的凡夫俗子，但辩才法师却不为所动，每天依然是竹杖芒鞋。

即便退休了，辩才法师的访客也不少。每当有客来访，他就会奉上自己在山中种植、烘焙的茶叶招待他们。在这远离喧嚣的寿圣院品茶论道、吟诗作对，正是辩才法师理想中的养老生活。

久而久之，他发现院后那几株茶树所产茶叶根本不够用来招待客人。眼见每天都有专门上门拜访的客人，其中还有远道而来的求学者，没有好茶招待可怎么办？

出家人清贫，辩才法师更是如此。花钱买茶可不是一笔小数目，又不是香火钱，花钱买茶供奉佛祖，想必佛祖也不会高兴，而且花钱买茶待客也吃不消。辩才思前想后：不如我自己开山种茶，一举两得。

就这样，七十高龄的辩才法师开始在附近寻找合适的种茶之地。他是个爱茶之人，对种茶、采茶、制茶都颇有心得。调研了没几天，他就在狮峰山上选中了一块绝佳的土地作为茶园。

寿圣院并非辩才法师一人居住，他搬来时还带上了自己的徒弟怀益，请他主奉香火，“汲巾待瓶，甲乙相承，以严佛事”。怀益一听师父要去旁边的狮峰山麓开山种茶，当即不放心地劝说道：“师父，山路难行，茶树打理烦琐，您何苦呢？”

“徒儿，我亲手植茶焙茶，礼佛心诚，待人心诚，何乐而不为？”

怀益听了辩才的一番话，心里也通透了，便每天跟着师父去狮峰山麓种植茶树、打理茶园。风篁岭有一眼“龙井泉”，用来煎煮茶叶浓香四溢。怀益也常与辩才去讨要一些井水，存在寿圣院中，有了访客就拿出来煮茶。

辩才法师在寿圣院中度过了他人生的最后十年，这十年间他陆陆续续写了不少诗句，如《龙井十题》中的《狮子峰》《风篁岭》《龙井亭》等。在此期间，也有不少文人雅士慕名而来，只为与他畅聊片刻，如秦观、苏轼、释参寥等。

这些文人雅士与辩才法师相互吟咏唱和，正是这些交流来往，让狮子峰、龙井亭、归隐桥等寂寂无名的场所成了如今的旅游胜地，而狮峰山麓下的茶园也在日复一日中扩大规模，后来其规模让辩才已无力打理，只得将它们送给附近的茶农。

狮峰山麓产的茶味道是一绝，丝毫不比已成名的杭州贡茶逊色。由于辩才法师慧眼识珠，选中了这块土地种植茶树，人们才得以尝到这样的好茶，狮峰山麓也被后人看作是绿茶极品——西湖龙井的发祥地。

西湖与西湖龙井都是杭州的金名片，但又有几人知道一代高僧辩才竟然还是“西湖龙井”的开发者呢？

二、多年好友再见第一件事竟是斗茶诗

北宋时，原本破败不堪的寿圣院因为辩才法师的入住，被一群乡绅拿银两好好装点了一番，俨然成了一座香火鼎盛的旺寺。辩才法师俗名徐无象，道行高深的他与北宋名臣苏轼、赵抃交情颇深。

当年辩才退居老龙井寿圣院，他们三人还时常在一起品茶论道。南宋时，为了纪念他们三人的君子之交，人们在寿圣院内增设了“三贤祠”，专门供奉辩才、赵抃和苏轼的塑像。如今，古朴的寿圣院再次被岁月磨砺成断壁残垣，“三贤祠”也湮灭其中，但“龙井三贤”的印象却一直留在杭州人民的记忆中。

元丰二年仲春，赵抃已经在心中拿定了主意：年逾古稀还做什么太子少保，到时候没把太子教养成帝王之才，反而被气坏了身子，岂不是得不偿失。

不管官家如何挽留相劝，赵抃都绝不改口：官家，我要辞职归田，您别劝了，我这心就像吃了秤砣那么铁。官家也没奈何，只能挥挥手准他告老还乡。

得了恩准的赵抃赶紧收拾行李准备南下回乡，他美滋滋地想：正是江南好风景，落花时节又逢君。确实，他是浙江衢州人，回乡途中势必会经过杭州。赵抃曾经两任杭州知府，在那里结识了不少知己朋友，回衢州前他一定要去探望他们。

赵抃刚入杭州城，就急着打听辩才法师的近况。被问到的人不无惋惜地说：“辩才法师现在已经不在上天竺寺当住持了，据说他已经退隐南山老龙井寿圣院。”

如今的龙井已是全新的面貌，只能从老照片中一窥老龙井的风采

谢过那人后，赵抃便朝着南山老龙井进发了。等他到南山龙井寺时，天色已暗，夜里赶路可不是什么好选择，赵抃就在龙井寺借宿了一晚。第二天天刚亮，他就去寿圣院寻辩才法师了。

仲春时节，光秃秃的老竹正在抽芽，以往隐藏在翠绿竹海中的寿圣院显露了出来。赵抃穿过风篁岭，来到这座气派的寺院前，院中洒扫的小沙弥大概也没想到会有香客来这么早，一时有些措手不及，磕磕绊绊道："施……施主，还没到上香的时候，你到早了。"

赵抃见他可爱，笑着问他："辩才法师在吗？我是来探望他的。"

小沙弥见他胡子花白，年纪与辩才法师相仿，又直言是来探望法师的，便猜测他极可能是法师旧识，也不敢耽搁，立刻就进去通报了。

辩才法师与赵抃老友相见，自然要说些体己话。二人在寿圣院后的竹林中找了个清净之地，摆上茶具，畅所欲言。

“听说你这次是彻底打算归田了？”辩才盘膝坐在石凳上，瞧着这位旧友。

赵抃也不避讳，知道辩才法师一定能理解自己，笑着说：“我这一大把年纪了，太子尚且年幼，精力不济。况且做帝师还会涉及党争，我可不想参与那趟浑水。”说着，抬手将辩才的茶盏满上。

辩才知道他此次回乡，再见面不知要到何年何月。两人本就是知己，但相聚畅聊的时候却很少。这次赵抃辞职归田前专程来见自己，促膝长谈怎么能免。

两人相聚了几日，赵抃乘坐的马车还是驶出了杭州。那日，辩才一送再送，打心底里舍不得这位老友。本来辩才以为此生可能都无缘再见了，谁知元丰七年（1084）时，赵抃又来了。

辩才虽已年迈，但身体依然康健。那日他正在龙井茶园劳作，却见寿圣院的小沙弥匆匆忙忙跑来，连喘口气都顾不上就说道：“法师，五年前那个头发花白的人又来了，正在院中等你，快回去看看吧。”

辩才放下手中除草的锄头，心中的欣喜根本掩饰不住，因是老友倒也不差这一时半刻，茶园的活交给别人又不放心，他就转头对小沙弥笑着说：“让他稍等一会儿。”

小沙弥答应着，又快速跑回寿圣院。辩才忙完手上的活，又绕路取了一些老龙井的泉水，直到日落时分才回到寿圣院。

他走进寿圣院，四下寻觅，却没见赵抃的身影。难不成是我太久没回来，他一时有急事已经走了？这可把辩才急坏了，自己只是想着为好友取煎茶的好水，没想到错过了好友的约会。

“师父，您那位好友不在后院竹林，他听说你修建了龙井亭，说要在那里品茶等你。”正当辩才苦恼之际，小沙弥及时告知了他赵抃的下落。

走近龙井亭，辩才远远地就看见苍老的赵抃正端坐在茶炉旁，闭目冥想。

“你肯定已经尝过我亲手种的茶了，只是我刚去龙井泉取了些好水，让我给你煎煮一杯，你也好尝尝这天下独绝。”辩才说着便将罐中的水放到桌上，抬起手准备给赵抃煎茶。

赵抃在故乡休养了五年，精神大好，就连当年身上的那点官员气质也荡然无存了，只剩下一股隐士的恬淡。他笑着看辩才忙活，说：“只是喝茶有什么意思，我们五年没有斗过诗了，不知道现在是你的句子强一些还是我的更妙一些？”

老友相见，往往不是急着叙旧，而是不满当年的残局，要再次一争高下，辩才与赵抃也是如此。“我先煎茶，让你一筹，你先来。”辩才手上动作不停，笑着回应了赵抃。

赵抃起身，在龙井亭转悠了几圈，似乎在找灵感，口中已悠悠念出一首茶诗：“湖山深处梵王家，半纪重来两鬓华。珍重老师迎意厚，龙泓亭山点龙茶。”[①]辩才听在耳中，心中感慨：赵抃的诗风大有不同，一首茶诗竟也有了出尘之感。

①赵抃：《重游龙井》。

“茶煎好了，辩才法师，该你和诗了。”说完，赵抃接过辩才递来的茶盏，轻抿一下，顿时口齿存香，惊道：“果然是好茶配好水，不枉费我俩的茶诗。”

辩才法师与赵抃行了一个茶礼，也尝了尝自己亲手煎制的茶。时隔五年，再与赵抃相见，辩才心中也是百感交集，他不无感动地吟道：“南极星临释子家，杳然十里税青华。公年自尔增仙籍，几度龙泓诗贡茶。”[①]

这两首诗虽然都在咏茶，却满含两人的友情，彼此都在倾诉再见的欣喜。

三、二老亭背后的故事

苏轼与杭州交情匪浅，与辩才更是熟识。他第一次任杭州通判时，就听闻了辩才法师的大名，早就想去拜见。

那日，天降大雪，严寒逼人，苏轼不知辩才外出讲学，一贯不讲究规矩的他竟然在白云堂前的雪地里空等一场。直到天色将暗，山门都未见辩才的身影，久等的苏轼题诗一首，大笑离去。

他写的是首七绝：“不辞清晓扣松扉，却值支公久不归。山鸟不鸣天欲雪，卷帘惟见白云飞。”[②]意思是我早早来拜访你，等了一天也没见你回来，看天气马上又就要落雪了，我只好先走了，后会有期。

不久，苏轼又去拜见辩才法师，两人一见如故，结为知己，此后便时有来往。苏轼次子苏迨因体弱多病导致四岁还不能走路，也是辩才法师亲力亲为才治好这一顽疾。可惜后来苏轼调离杭州，与辩才法师无缘会面，只好通过书信往来。

①辩才：《次赵清献公诗》。
②苏轼：《书辩才白云堂壁》。

苏轼常在信中开头问候辩才："别来思仰日深，比日道体何如？"瞧瞧，一句"你身体康泰吗"都能问得这么有水准。信后又常常嘱咐："惟千万保爱。"信中内容也自然流露出深切的关爱之情。

北宋元祐四年（1089），在上任途中的苏轼满面春风，就像回家一样开心。时隔数年，他再次出知杭州。好玩好吃的东坡居士经历了人生的大起大落，已经将所有身外之物都看得更加平淡了，唯有若干好友让他挂心。

任职杭州的日子，他政务照理，只是闲暇之余更愿意寻访高僧名士，清谈论道。他刚到杭州不久就向人打听好友辩才法师的消息。

"辩才法师还在上天竺寺吗？"苏轼问身旁的幕僚。

幕僚笑着说："大人有所不知，法师已经辞去上天竺住持一职，退居南山寿圣院，不理俗事了。"

"当真？如此我要是去登门拜访，岂不是要吃闭门羹？"苏轼听说辩才法师已经不理俗事，误以为他已经隐居山林，不愿外人打扰。

"这倒不会，常有高僧名流前去院中与法师煮茶论道，大人去了定然是受欢迎的。只是据我所知，辩才法师年岁见长，每日接见客人的时间有限。"

一听辩才法师还会接见来客，苏轼才放下心来。他准备处理完手边的政务，就去寿圣院见一见老朋友。

这一日，被阴霾笼罩数日的杭州城难得天晴。苏轼在心中盘算了一下近日的政务，似乎都已忙完。他赶紧收拾了一些礼品，牵来一匹快马就直奔寿圣院而去。

辩才法师比上一次见面苍老了许多，但一见苏轼就精神大好，笑着说：“子瞻别来无恙，上一次相见是好几年前了。”

苏轼将马上驮着的一个包袱取下来，快步上前拉住了辩才的双手，两人谈笑风生地进屋叙话。

“你爱饮茶，我在狮峰山麓辟了个茶园，里面的茶树都由我亲自打理，产的茶味道极好，要不要尝尝？”辩才盘坐在蒲团上，笑着给苏轼推荐自己种植的茶叶。

“还有此事？那我可要尝尝。”苏轼一听有好茶喝，还是辩才法师亲手种植的，当即来了兴趣，不等辩才法师招呼，就急不可耐地询问，“那好茶放在哪儿了，我自取即可。”

辩才笑着说了茶叶贮藏的位置，苏轼也不客气，直接取了茶叶，又拿上放在旁边的茶具才转回屋内。他轻车熟路地给风炉点上火，烧水煮茶，辩才法师则笑意盈盈地坐在一旁与他聊些佛理禅机。

很快，茶沫咬盏，苏轼又注了一遍水，直到杯中茶汤适量才递给辩才：“大师，尝尝我点的茶。”辩才法师接过茶盏尝了一口，故作遗憾道：“好茶是好茶，可惜缺了好水。”

缺了好水？大师莫不是在暗示我他院中有好水？心底雪亮的苏轼也不拐弯抹角，直接开口问道：“大师可是收藏了哪处的好水？不如拿出来你我共赏。”话音未落，辩才法师便笑了起来，说：“不愧是苏居士，我确实藏有龙井泉水，专用来烹这手植香茗。”

说着，辩才法师起身去木架上取下一个坛子，拿起竹勺从中舀出一些清冽的泉水放入瓮中。炉上炭火正旺，泉水一会儿就开始咕嘟咕嘟直响。苏轼拿过茶具，代劳煮茶。等茶汤被分装在两个茶盏后，苏轼才明白辩才法师为何说缺了好水。

盏中的茶汤与寻常茶汤并无不同，但香味却比上一盏浓郁得多。苏轼饮了一口，顿觉茶香在舌尖散开，慢慢回甘。用活水煎茶他不是没试过，但他直到元符三年（1100）才领悟活水煎茶的道理，并在《汲江煎茶》诗中说："活水还须活火烹，自临钓石取深清。"

"好茶配好水，茶才出本味。"

辩才听苏轼夸赞自己亲手种植的茶叶，喜上眉梢，又给苏轼添了两盏。二人一直聊到黄昏，苏轼才告辞离去。

"我送送你。"辩才法师执意要送苏轼出门。按照惯例，辩才法师每次送客不会过虎溪。这日他送苏轼离去，沿着风篁岭漫步，两人还在继续未尽的话题。突然，跟在左右的小沙弥惊道："法师，你送过虎溪了！"

辩才这才发现自己坏了自己的规矩，笑着说："杜子美说过，'与子成二老，来往亦风流'[1]，无须惊慌。"

辩才法师将苏轼送过虎溪可不止这一次，苏轼来访，法师常不知不觉便送过虎溪。不久，在风篁岭上有了一座"二老亭"，以纪念和宣扬苏轼与辩才的这一段交往与雅事，苏轼也在元祐五年（1090）亲笔写了一篇《次辩才韵诗帖》："日月转双毂，古今同一丘。惟此鹤骨老，

①杜甫：《寄赞上人》。

凛然不知秋。去住两无碍，人天争挽留。去如龙出山，雷雨卷潭湫。来如珠还浦，鱼鳖争骈头。此生暂寄寓，常恐名实浮。我比陶令愧，师为远公优。送我还过溪，溪水当逆流。聊使此山人，永记二老游。大千在掌握，宁有别离忧。”①

参考文献

1. 赵章盛编：《中雁荡山古今诗词选》，中国文联出版社，2011 年。

2.〔宋〕苏轼著，张志烈、马德富、周裕锴主编：《苏轼全集校注》，河北人民出版社，2010 年。

3.〔清〕彭定求等编校：《全唐诗》，中华书局，1960 年。

①苏轼：《辩才老师退居龙井不复出入余往见之尝出至风篁岭左右惊曰远公复过虎溪矣辩才笑曰杜子美不云乎与子成二老来往亦风流因作亭岭上名曰过溪亦曰二老谨次辩才韵》。

第十一章

为茶农发声的一首诗令他被削官为民

茶叶本是无须交税的。

唐建中元年（780），朝廷开始对茶叶征税。唐贞元九年（793），民间饮茶日益普及，于是茶叶生产飞速发展，增长势头凶猛，算一算，单一个县的茶税都有可能超过全国的矿产税总量。于是，朝廷决定将茶税单独列为一个税种，规定在产地交产品税，运输时交商品通过税。

后来，茶税制度虽不断完善，但沉重的赋税也使得茶农的生活变得异常艰难。所以自唐以后，历朝历代都有抱怨茶税的民歌传唱。

明朝时，学者兼作曲家韩邦奇在浙江任按察司佥事期间，就遇到宦官到浙江四处搜刮民财的事件。他对这种强征富春江鲥鱼与富阳茶的行为十分愤恨，愤而作民歌《富春谣》为百姓鸣不平，却因此丢掉了自己的乌纱帽。

一、赋税重压下苦不堪言的茶农生活

北宋初期，北方受到辽国的侵扰，战火不断，与生产形势相对稳定的南方比，存在严重的经济危机。战争给朝廷带来了巨大经济压力，急需税收填补国库。

这时，主要产于南方的茶叶，已成为十分重要的经济作物，这使得曾在唐朝昙花一现的“榷茶制度”（官府对茶叶实行专卖管理的制度）在宋朝再次兴起。

夜色渐浓，山坡上却还有茶农们忙碌的身影。

“唉，你说这战争什么时候才是个头啊！”一个茶农满脸苦涩。

“谁知道呢！还搞什么‘榷茶制度’，这些当官的把茶商的钱给截了，最终苦的还是咱们这些辛辛苦苦的农民！”另一个茶农附和道。

另一个正不停采着茶叶的茶农立马接口道：“就是！我们一年到头种这点茶叶，收成好的时候，还能勉强凑合着过日子；收成不好，只能勒着裤腰带！唉！这点儿茶叶既要作为茶园租税上缴给官府，好容易剩点儿又只能卖给茶商再转给官府。”

“这段日子，我们种的茶又被拿去北方换了马匹，可战事依旧没什么进展。真是可恨！”他身后的茶农说，“我听说有的人私下与茶商进行交易，躲过了官府的税收，赚了老大一笔钱呢！我们要不……”

最先发起话题的那个茶农说道：“可不敢做这样的事！要是天老爷保佑，还能大赚一笔。一旦被抓住，那可了不得，是要株连九族的！不行！不行！”

“算了。不想那些了，干好手上的活儿吧！能挣口吃的我就满足了。”

即使抱怨再多，这日子还得过下去。茶农们也只好继续苦干，日日祈求茶叶能够丰收，可以换取安定的生活。

随着朝代的更迭变换，茶法也一直在改变，茶农的日子却一直很艰苦。

宋徽宗崇宁年间（1102—1106），蔡京担任宰相一职，发现当下的茶利相对于北宋初期大幅下降。

于是，他上书宋徽宗："至祥符中岁收息五百余万缗，庆历以来法制寖坏，嘉初遂罢禁榷，行便商之法，客人园户私相贸易，公私不给，利源寖销，岁入不过八十余万。[1]请官家下定决心，对茶法进行改革。"

"卿家言之有理，早该如此。这件事就交给你去办吧！"

于是在崇宁元年（1102），蔡京在宋徽宗的支持下废除通商法，重新实行禁榷法，恢复官府垄断收购茶叶的制度，即"选官置司提举措置，并于产茶州县随处置场，官为收买"，并且"将荆湖江淮两浙福建七路州军所产茶依旧禁榷"。

从这些措施看，蔡京似乎在想尽办法替宋徽宗"挣钱"，实际上这仅仅是换了个法子来压榨老百姓。当时民间有这样的歌谣——"打了桶（童贯），泼了菜（蔡京），便是人间好世界"，蔡京能是什么好人？

这下，茶农们的日子更不好过了。

"好不容易种植的茶叶不用上缴官府了，现在又复兴

①《宋会要辑稿·食货三〇之三二》。

禁榷法，朝廷又开始想方设法搜刮我们了。”刚刚得到消息的茶农抱怨道。

“是啊，眼看着日子好过一点了，又变着法子折磨我们！”

“别说了，继续干吧！多干一点是一点，我们也只能服从官家的命令。”正在埋新茶苗的茶农叹气道。殊不知这“好日子”还在后头呢！

茶法改革不到三年，崇宁四年（1105），蔡京又上书宋徽宗，说：“官家，这茶现今是官府垄断的，虽获利较多，但耗费的人力物力也是巨大。微臣有一个想法，不知官家可否容许微臣当面解说？”

宋徽宗急急忙忙把蔡京召进宫去。

“卿家，你在奏折里说的好办法是什么？快说给朕听听。”

“官家，微臣认为可将卖茶的专利权卖给那些个商人，这样一来，人力物力都可以大量减少，朝廷获利必定提高。”蔡京说着露出狡黠的目光。

宋徽宗皱眉道：“这倒是个好法子，但实行起来恐多有不便。”

“这点微臣早就想到了。我们可以印制一种凭证，茶商购买后便可直接与茶农交易。”

“蔡卿果然深谋远虑，且事事为我大宋着想。那就尽快拟定，颁布下去吧。”宋徽宗满意地笑道。

于是茶法再次进行重大改革，推出新法——卖引法。卖引法废除官府垄断茶叶收购批发的制度，允许商人与园户直接交易。通过垄断印造和发卖茶引（茶商缴纳茶税后，获得的茶叶专卖凭证，类似现代的购货凭证和纳税凭证，同时也具有专卖凭证的性质）的权力来获取利益。

商人买茶前必须向官府买茶引和笼篰。茶引分长短两种：长引许往他路，限一年；短引止于本路，限一季。[①]商人贩茶必须持新法茶引，笼篰也由官府统一制造。

此法一出，商人是高兴了，因为他们可以自由买卖茶叶，便可以获利更多。至于这些个多出来的用于购买“茶引”的钱嘛，当然由茶农来出了。

这年春天，茶商来到茶园收茶。

一如既往地寒暄：“今年收成怎么样啊？”

“一般，还不如去年呢。今年这天老爷真是害死我们了！”一位茶农悲愤地说道。

“这次我要收一千斤茶叶，最多只能给二十钱一斤。你看怎么样？”

“掌柜的，你这是不要我活了？我这每天辛辛苦苦不说，你算算我的成本也不止二十钱哪！”这茶农就快哭出来了。

“我知道你们不容易，现在收茶都是这个价。我去买茶引，春天七十钱一斤，夏天少说也得五十钱呢！我生意也不好做。大家相互体谅体谅。”

①《文献通考》卷十八。

“你再涨点吧！”茶农当真是欲哭无泪了。

“最多就二十五钱一斤，行就给我装上。”茶商也退步了一点。

茶农无奈地答应了：“行……”他知道以后价格只会更低。

等到了南宋，国库依然倚重茶叶赚钱，茶司马又增加引钱，致使茶农入不敷出。繁重的茶税一直未见缓解，茶农们就在这样的重压下讨生活。也有人看出了茶税的不合理之处，却因其背后的利益纠葛盘根错节不敢发声。

这种现象一直延续到明朝，一名正义的官员对当权者横征暴敛茶农们的情况实在看不下去了，以自己的官职为代价，誓为茶农发声。

二、冲冠一怒为茶农，仗义放歌丢官帽

明正德六年（1511），陕西有一员外郎名唤韩邦奇。因其看不惯当地高官作风，便向明武宗上书指出当时政治生活中的不足，结果因不合圣心，被贬为平阳（今属浙江温州）通判。三年后，他又被擢升为浙江佥事，管辖杭、严二府事务。

江南初春，一派好风光。

佥事大人韩邦奇闲来和好友出游杭州天竺寺，竟碰到宁王朱宸濠派人假扮成游脚僧，在杭州天竺寺非法聚众。

韩邦奇向来是个不怕事的主，见此情景，便找到他

们的头目问道："敢问兄台在此地聚集做什么？"被拉住的这个头目正是宁王朱宸濠的女婿。他也客气，回答因进贡需借过衢州（今属浙江）。

韩邦奇却立马质问："到京城上贡应当沿江而下，为何从此处借路？我是浙江佥事韩邦奇，你回去告诉宁王，我韩某可不是好蒙骗的，赶紧给我散了！"

宁王女婿只得灰头土脸地走了。

待那一群人散后，韩邦奇的好友开口劝诫道："老兄啊，你这脾气得改改了，不要什么事都去插上一手。今天这可是宁王，你坏了他的好事，还不知道会怎样呢！"

韩邦奇却无所畏惧地说："韩某人从来都是为国为民，管他今天来的是宁王还是什么王，就是天王老子来了，我也不怕！"

安顶云雾茶

其友只能默默叹气，无奈说道："以后有你好果子吃的。"

不想，竟一语成谶。

因朝政大权被太监刘瑾把持，他假借明武宗之名，横征暴敛，不时派遣宦官去浙江搜刮民脂民膏。一时间，浙江各处鸡犬不宁，生民不堪重负。当时在浙江的宦官有四个人，分别是王堂、晁进、崔王和张玉。这些人没一个是善茬，任凭他们的爪牙四处活动。

韩邦奇对他们的种种恶行实在看不下去了，便上书请圣上管束他们，但明武宗根本不予理会。

当时，浙江有两样著名的特产，那便是产于杭州西南部的富阳茶和富阳鱼。也正是因这两件宝物，富阳人吃尽了苦头。

这富阳茶就是"安顶云雾茶"，人称"金子片"，是富阳的传统名茶。此茶之名贵从这名字就可见一斑，且这"安顶云雾"还被朝廷列为贡品。

而这富阳鱼也就是鲥鱼，和安顶云雾茶一样都是富阳的门面。鲥鱼曾与黄河鲤鱼、太湖银鱼、松江鲈鱼并称为中国历史上的"四大名鱼"。宋代大文豪苏东坡称其为"惜鳞鱼"，并有诗句"尚有桃花春气在，此中风味胜莼鲈"赞之。明朝时，鲥鱼也成为贡品，从富阳这个小地方辗转成为皇帝的盘中之物。

对于安顶云雾茶和鲥鱼这样的好东西，驻扎在浙江的宦官们又岂能放过？他们不满足日常的上贡数量，非要加大力度，想从中谋取私利。

于是，富阳家家户户的男人都被逼着去捕鱼，女人则去采茶。可富阳就这么一点地方，能采的茶和能捕的鱼总共就那么多。既要上贡，还要孝敬地方官……等他们盘剥完，剩下的那些残次品才属于当地人。

这些横征暴敛的宦官，哪里会管百姓的死活，因此富阳百姓的生活是苦不堪言。

这天，王堂来到富阳的一处茶园。茶园里的茶农都知晓此人的厉害，停下手中的活儿，看他这次又想做什么。

“大人，您来啦！”茶农们异口同声地说道。

“嗯。”王堂淡淡回道，“今年收成如何了？”不待茶农们回答，他又说道：“这次要的可不是去年的那个数了，五斤茶叶少一两都不行！”

“大人，我们实在没有这么多啊！每年交了这贡茶，哪里还拿得出五斤来？”

晨捕

王堂不过是虚情假意问问收成，他听到茶农这话立马怒道：“我管你怎么办！我就要五斤，你拿不出也得给我想办法！”说罢，便扬长而去。

此刻，一个茶农终于忍不住了，号啕大哭起来：“老天爷，我们到底做错了什么！”

……

韩邦奇以前就曾听闻那些宦官媚上压下，一昧地强征富春江一带的渔产及茶叶。这次正好还发生在他的任期内，深谙民间疾苦又刚正不阿的韩佥事不禁怒从中来，气愤道：“这太不像话了！还有天理王法没有？”

旁边的朋友只得劝他：“算了，他们这些破事儿你又不是第一回才知道。而且你已经得罪很多人了，还是不要再去蹚这浑水了。”

“你能忍下去，我可再也忍不了了！我实在心疼这些可怜的百姓，这世间当真是没有公道了吗？”

韩邦奇拍案而起，愤然写下了那首后来被大家争相模仿的“茶鱼歌”——《富春谣》：

富阳山之茶，富阳江之鱼。茶香破我家，鱼肥卖我儿。采茶妇，捕鱼夫，官府拷掠无完肤。皇天本至仁，此地独何辜？鱼兮不出别县，茶兮不生别都。富阳山，何日颓？富阳江，何日枯？山颓茶亦死，江枯鱼亦无。山不颓，江不枯，吾民何以苏！

在这首歌里他说道：“这富阳山的茶和富阳江的鱼因为太好，使得朝廷对茶妇渔夫进行无情的压榨。天之骄子应该仁慈，处处为百姓着想。可为何这富阳县的百姓却如此可怜？我想问一问苍天，这富阳山何时能够不再种出茶来？这富阳江水何时才会枯竭？只有这山颓水枯才足以让富阳县的百姓‘活过来’！”

后来，谈迁在《枣林杂俎》中也曾模仿过这首歌：

富阳江之鱼，富阳山之茶，鱼肥卖我子，茶香破我家。采茶妇，捕鱼夫，官府考掠无完肤。昊天何不仁？此地亦何辜？鱼胡不生别县？茶胡不生别都？富阳山何日摧？富阳江何日枯？山摧茶亦死，江枯鱼始无。呜呼！山难摧，江难枯，我民不可苏！

早年，韩邦奇在京为官时，就敢不买刘瑾的账，在宦官圈子中算是出了名的，一直被“惦记”着。今时这首歌一出来，宦官们立刻就找起了茬。

王堂立马把这“茶鱼歌事件”上书禀告给明武宗，还添油加醋诬陷韩邦奇。明武宗听到这首“茶鱼歌”后，果如王堂所愿，勃然大怒，认为韩邦奇竟敢通过此歌讽刺他，马上下旨：“把这个不知天高地厚的韩邦奇抓捕入京！”随后便以“怨谤”罪将韩邦奇投进锦衣卫的大牢。

后来，韩邦奇被革职罢官，废黜为民，押解回陕西老家，为民不平、为民发声的韩邦奇，人生就因为这首“茶鱼歌”跌至谷底。

原来在吴伟业“冲冠一怒为红颜”前，便有了这位韩大人“冲冠一怒为茶农”，真真是可歌可泣！虽然朝廷不允许这首《富春谣》传播，但民心所向拦不住，这首《富春谣》一直作为匿名作品在富春江边传唱，富阳茶人还根据这首歌谣创编了优秀的越剧剧目《茶鱼歌》。

参考文献

1.〔清〕徐松辑，刘琳等校点：《宋会要辑稿》，上海古籍出版社，2014 年。

2.〔宋〕马端临撰，上海师范大学古籍研究所、华东师范大学古籍研究所点校：《文献通考》，中华书局，2011 年。

3.〔清〕张廷玉编，郑天挺等点校：《明史》，中华书局，1974 年。

4.〔明〕谈迁著，罗仲辉、胡明校点校：《枣林杂俎》，中华书局，2006 年。

第十二章

收获宋人一致好评的鸠坑毛尖

鸠坑毛尖距今已有两千多年的历史，它早在唐人李肇[1]撰写的《唐国史补》中就被列为全国十六大名茶之一，《翰墨全书》中亦有“鸠坑，在黄光潭对涧，二坑分绕，鸠坑岭产茶，以其水蒸之，色香味俱臻妙境”的记载，可以想见鸠坑毛尖的魅力。

鸠坑毛尖因为其“臻妙”的色香味收获了不少好评。

宋朝时，有好官陈晔在淳安任职留下十一首《我爱淳安好》，第一首就大赞了鸠坑毛尖形状似“雉羽”，喝下后令人神清气爽；而“爱茶达人”朱熹到瀛山书院讲学后，也是对鸠坑毛尖赞不绝口。

一、瀛山讲学，让他对鸠坑毛尖赞不绝口

南宋时，理学已经进入鼎盛时期。

乾道五年（1169），朱熹已经是当时名头响当当的理学家，受到很多人的崇拜。

“老爷，又有您的信了。”一名家丁匆忙来报。

①李肇：字里居，生卒年不详，著有《翰林志》一卷，《国史补》三卷。

朱熹刚刚从书院忙完回家，听到家丁的传话就预感到是好友詹仪之的来信，打开一看，果不其然。他心想：仪之又邀请我去瀛山书院（位于今淳安县姜家镇）讲学，但最近手头还有点事，还是先回一封信向他说明情况吧。

回信没过多久，詹仪之竟然直接找到朱熹家中来了。

詹仪之戏说："你老兄，天天都忙得很，还要我亲自过来逮人才行。"其实他也是刚好到此办事，就顺便过来探望旧友。

"可不是，最近才忙完，正准备给你写一封信说我最近就过去呢！"朱熹笑道，"现在你来了，我随你一同前去岂不是更好！不过去之前，我要先去一趟严州（今浙江省西部）访问张栻。到时候咱们叫上他一块儿去，沿途一同赏景，岂不热闹？"

詹仪之欣然应允，这次总算是能请到朱熹去自己的老家讲学了，他非常高兴。

到了严州，他们恰巧又碰到吕祖谦等好友，便一同前往瀛山书院。

一路上，朱熹为清溪和武强溪（位于今淳安县境内）的美景所陶醉。

船过铜官峡时，溪两旁红叶满山，映在碧绿的溪水中，红绿相间，端的是秀色可餐。恰逢夕阳的余晖洒在他们的船上，倒是给此行增添了不少朦胧的诗意。

当船只行到武强溪畔的许由山下时，詹仪之向朱熹讲述了当年许由为了远离尘世而南遁，在这座山中隐居的事。朱熹听后立马吩咐船夫靠岸停船，登上岸边的一座小山头赏起景来，后又赋诗《过许由山》：

许由山下过，川水映明珠。
洗耳怀高洁，抛筇墩上娱。

后来，当地人就把朱熹赏景的这座小山头叫作“朱墩山”。朱墩山和许由山相互依偎，今天已经变成了两座小岛。

一路走走看看，朱熹一行人终于到了瀛山书院。

“大家连日来舟车劳顿，还请诸位不要嫌弃，这些天就先到我家中住下吧。”詹仪之大方邀请众人到自己家中居住，以尽地主之谊。

“怎会嫌弃，那就多有叨扰了。”

当天晚上，詹仪之便以当地三宝“山鳗、石斑鱼、鹰嘴龟”等佳肴招待这些贵客，他们觥筹交错，欢饮达旦，好不痛快。

又待众人歇息了几日后，詹仪之才带他们去书院参观。

到了瀛山书院，朱熹被这里的美景和浓郁的文化气息吸引了。一路上，董陶所（詹安与上蔡谢氏讲论之地）、传桂堂（詹安五子科第堂）、虚舟斋（詹仪之书斋）等人文景观让他们应接不暇。在这里，抬头可见瀛山耸秀，低头可赏方塘云影，书院里学风浓厚、典籍丰裕，当真可以算得上是读书人的天堂了。

朱熹见到如此优美的环境，笑道："仪之，你在这里可是来享福的？哈哈……"

詹仪之道："朱兄谬赞了。大家也都累了吧，坐下歇歇，品尝下我们这儿的名茶。"他引众人到书院中的丽泽所坐下，便吩咐随从去取当地最有名的鸠坑毛尖来。

茶才刚刚端到门口，茶香便随着阵阵清风飘来。众人闻到茶香，不禁感叹道："这茶香真是沁人心脾啊！"

朱熹早已迫不及待，起身去接。他本就是爱茶之人，从不挑剔茶叶，走到哪便喝哪里的茶。别人是"遇神杀神"，他呢，是遇茶吃茶！到了晚年，他还毫不客气地给自己取了一个雅号——茶仙。

朱熹拿过茶杯，捧在手中仔细端详，只见这茶水色泽黄绿明亮，茶叶硕壮挺直，微抿一口，口中更是鲜浓芬芳。朱熹点点头，说道："绍兴十八年的时候，我曾在杭州的天竺寺与慧明法师畅谈佛法，那个时候便喝过鸠坑所产的茶，我还写了首《春日游上竺》诗呢。没想到今日有缘，让我再喝到鸠坑毛尖。"

又有人说了："我前些年拜读了毛文锡[①]的《茶谱》，上面记载称'茶，睦州之鸠坑，极妙'，今日一品，果然是名不虚传！"

"确实如此，妙啊，果真是好茶！"朱熹又道。

"大家若是喜欢，走时各带一些回去便是。"詹仪之也是个豪迈之人。

后来朱熹的那首千古绝唱《观书有感》，据说就是

①毛文锡：字平珪，高阳（今属河北）人，一作南阳（今属河南）人，五代时期词人，有词三十余首传世，著有《前蜀纪事》《茶谱》等。

这次在瀛山书院有感而发所作。

那天，朱熹特意点了好茶，悠闲地在方塘边的得源亭里读书。晚秋的清凉袭来，令人感到非常舒服。他一边品茶读书，一边观赏着方塘的美景。只见方塘的源头附近层峦耸翠、风清云淡，瀛溪两岸竹影摇曳，清澈的源头活水源源不断地注入方塘里。这方塘清澈如明镜，倒映着湛蓝的天空，荡漾着朵朵白云。

朱熹见此美景，感慨大自然的无私赐予，突然顿悟道：“噫，亦何自而得此哉？不就是因为那源头的活水流而不息吗？”于是即兴赋诗《题方塘诗》：

半亩方塘一鉴开，天光云影共徘徊。
问渠那得清如许？为有源头活水来。

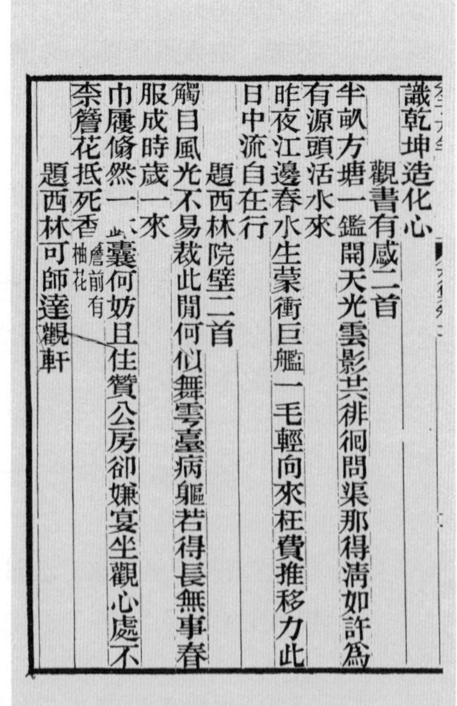

識乾坤造化心
觀書有感二首
半畝方塘一鑑開天光雲影共徘徊問渠那得淸如許爲
有源頭活水來
昨夜江邊春水生蒙衝巨艦一毛輕向來枉費推移力此
日中流自在行
題西林院壁二首
觸目風光不易裁此間何似舞雩臺病軀若得長無事春
服成時歲一來
巾屨翛然一鉢囊何妨且住贊公房卻嫌宴坐觀心處不
柰簷花抵死香簷前有柚花
題西林可師達觀軒

《观书有感二首》书影

除了这次受好友邀请到瀛山书院讲学，朱熹后来还四次访问此地。抛开对学问的追求，吸引他的恐怕还有淳安的鸠坑毛尖吧！

二、造福百姓的县令深情赋诗“我爱淳安好”

朱熹去淳安为鸠坑茅尖所着迷的几年后，一名到淳安任职的县令也发出“我爱淳安好”的赞叹。他，就是在南宋淳熙五年（1178）被朝廷任命为淳安县令的福建长乐人陈晔。

接到任命后，陈晔便赶赴淳安，一路上都顾不得欣赏沿途的美景，心中想着该如何在当地开展工作，造福百姓。在快到达淳安时，陈晔才整理好自己的思绪，准备全身心地投入到工作中去。

一日，车才行了一个多时辰，陈晔的随从便在车外禀告：“大人，我们到接官亭了。”

说完便把车帘撩开，搀扶陈晔下车。一下车，陈晔就看见淳安县的官吏、僚属、乡绅等早已在此等候，准备迎接他进城。

淳安县丞看见陈晔，赶紧上前：“恭候大人多时，大人一路辛苦了，从此处前行半个时辰便能到城里了，请大人再坚持一下，到城隍庙沐浴后便可休息了。”

陈晔客气道：“有劳了。”

坐了一路车，县城又离得不远，陈晔索性跟众官员们走路回城。微风轻柔地吹在脸上，看着远处的青山绿水，陈晔在心中暗暗打定主意：一定要让淳安这个地方在自己的带领下变得更好。

到了城里，忙完交接，陈晔总算得空上街去逛一逛，看看民情。

那日恰逢周边乡镇的百姓到县上赶集，县里热闹极了。在茶馆悠闲喝茶的人，街上走来走去吆喝个不停的算命先生，陆陆续续挑着自己采摘的新鲜蔬菜来卖的农人……再看看那河里来来往往的船只，或纤夫牵拉，或船夫摇橹，有的已经满载货物准备逆流而上，有的刚刚停靠在岸边正紧张地卸货。

陈晔看到百姓们如此安居乐业的样子，顿觉心情舒畅，就差没哼两首小曲了。他愉快地回到了县衙。

“大人，何事如此开心？”县丞问道。

“我刚刚上街去逛了一圈，看见了一幅欣欣向荣的景象，你说我能不开心吗？”陈晔说完，便哈哈大笑起来。

淳安民风淳朴，各项政事都推进得有条不紊，陈晔的政声日隆。

这天，陈晔因为公事要去合洋溪（原茶园附近）附近的村子一趟。

到了那边以后，他被眼前的一幕惊呆了。

地处交通要道的合洋溪每天人来人往，竟然没有一座像样的桥梁，仅仅就靠着一座独木桥维持通行，人只要一多想要同时通过都不行。陈晔看着这过往行人在桥上摇摇晃晃地走着，顿觉胆战心惊。

他拦住了一位行人："大哥，这合洋溪只有这一座独木桥可以通行吗？"

路人叹了口气，说："是啊，这个时节已经算好的了。现在没有到汛期，等到了春夏汛期，这独木桥还会被洪水冲走哩！那个时候，至少有十天半个月没办法通行，我们只能找小船渡过去。"

陈晔听后，揪心地说："若如此，人们的生活岂不是很不方便？"

"没办法，我们又没钱修，能管事的根本不会在乎咱们百姓过的是什么日子呢！"路人说罢，便愤然离去。

听见路人这么说，陈晔觉得很痛心，原来在百姓的眼里，他们这些官员竟然都是不办实事的形象。他呆呆地站在原地，一动不动。

"大人，大人。"随从轻轻地拍了拍他，"您怎么了？"

"没事，没事。咱们走吧。"虽然这么说着，陈晔却一路上都心不在焉。

他办完事回到衙门，夜里却辗转难眠。望着窗外的一轮明月，陈晔开始了沉思：要是做官不能让百姓们快乐生活，只顾自己纵情声色，那么当官还有什么意思？白天路人的话一直在他的脑袋里回响，接着就是无尽的叹息。

第二天，他早早起身，召集了衙门里的一干人等。

"合洋溪那边连条可供百姓安全通行、结实一点的桥都没有，而合洋溪又恰恰是周围村舍农人的交通要道，要是再这么下去，百姓生活不便不说，甚至会闹出人命，我决定要在合洋溪修一座桥。”陈晔坚定地说出了他的想法。

县丞道：“一切自然都听大人吩咐，这种利民的事我们万万不会推辞。请问大人，我们现在该怎么做？”

“现在人手不足，我先出一条告示，看看有多少人愿意主动来帮忙，之后再做打算。”

告示一出，主动报名的人络绎不绝，大家都知道这是一件好事，都愿意来贡献自己的一份力量。陈晔看到这样的场面也感到很欣慰，既然来帮忙的人那么多，那么修建桥梁的时间也会大大缩减。这样一来，合洋溪交通便利的日子也能够早日到来。

之后，陈晔迅速募集工匠，开始筑桥。

为了百姓们能够早日在安全的桥上通行，所有人齐心协力，快马加鞭地进行着筑桥大业。工匠们每天都起早贪黑地筑桥，之前募集的义工一有空就会来帮忙，陈晔在公务间隙也会过来看看。

在他们的共同努力下，修建这座桥用了不到正常修桥时间的三分之一，最终修建起了一座长三百尺、宽十二尺的大桥，看上去就如长虹卧波。桥的两侧还筑了围栏，以确保行人安全。这座桥的出现，不仅方便了过往行人，还让周围的人可以在茶余饭后到此处休息、观景。

竣工的那天，陈晔受邀去参加了通桥仪式。

“全靠大人，才有今日的便利啊！”“没有你，还不知道哪天才能摆脱过独木桥时的胆战心惊。”百姓们说尽了各种感激的话。

“大家客气了，我身为地方官本来就是为百姓解决问题的，这是我的分内之事。”

此时，一个鸠坑茶农跑上前来，送了一大包茶叶给他，并说：“大人，我是一个茶农，没什么好给您的，就把我们这里的特色茶叶——鸠坑毛尖送给您吧！”

“多谢老人家！”

后来陈晔回衙门还专门撰写了《合洋桥记》，文中说：“桥岂惟桥哉！凡举一事，毋载胥及溺（都要把事情办好），毋薄人于险。如是桥，岂不砥如坦如，永底荡平哉！”好一个“毋薄人于险”，有了这样为民谋实事的心思并切实去做了，这样的大工程才能实现。

鸠坑茅尖

天气炎热，陈晔参加完通桥仪式后又去临近的乡镇处理公务，忙了大半日，整个人口干舌燥。这时，陈晔想起上午茶农送的鸠坑毛尖，赶紧取出来，只见茶叶“外形紧结，硕壮挺直，色泽嫩绿，白毫显露”，确实是好茶。他找来茶具，颇费了一会儿工夫才制茶完毕。喝到嘴里，茶香持久，味道浓厚隽永。

“没想到此处竟有如此香醇的茶叶，真是好喝！”陈晔赞叹道。

陈晔一生情系淳安，他对淳安倾注了太多的感情。他在淳安当县令时，不仅倾心治理淳安，还先后撰写了许多歌颂淳安的诗歌，但现在能看到的只有十一首《我爱淳安好》了。

其中的第三首就赞美了淳安的鸠坑毛尖：

我爱淳安好，溪山壮县居。
锦文光璀璨，雉羽泄轻徐。
比屋兴弦诵，多田力耨锄。
廓然无一事，林下自诗书。

他用“雉羽”形容鸠坑毛尖在水中轻盈的状态，还将喝了“雉羽”后的那股清心爽神用“泄轻徐”来形容，足可见陈晔对鸠坑毛尖的喜爱。

陈晔在淳安主政长达九年，为官清廉，爱民如子，在他离开淳安去外地赴任时，百姓们自发地在街上排成两排目送他离去，以此表达对陈晔的感激与不舍。

“大人，这些年谢谢您对我们的无私奉献，要是没有您，我们家的孩子恐怕还不知道在哪里放牛呢！”一位老伯抹泪道。

“是啊，感谢您让我们的生活变得有了盼头。”说罢，这位年轻人向陈晔鞠了一躬。

陈晔见到这样的情景，心里非常感动，他放下车帘，默默地流下了眼泪。都说男儿有泪不轻弹，但这泪一来是为自己不负当初的理想做到了事事为民，二来也是因为对这座城市已经有了感情，心有不舍。

在一片“大人走好”的喊声中，陈晔离开了。出城后，沿途的一草一木都在提醒着，他也许永远都不会再回到淳安这个地方了，但淳安的百姓永远不会忘记他。

第十三章

为民着想让茶的发展走上新路

在“乞丐皇帝”明太祖朱元璋穷苦的前半生中，在机缘巧合下，他第一次品尝到散茶的滋味。后来在红巾军起义的逃亡路途中发生的一件小事，令他彻底爱上了散茶。

登上皇位后，朱元璋仍然对江南所产的散茶念念不忘，他始终认为散茶才真正保留了茶叶最原始的醇香。为了让百姓们都能吃上茶并且减轻民力，朱元璋亲自颁布了停止进贡龙团茶，只采茶芽进贡的诏令。这则诏令颠覆了团饼茶高于散茶的观念，成了制茶方式由“蒸青”改为“炒青”的转折点。

一、苦难前半生让“乞丐皇帝”爱上散茶

一天，天朗气清，惠风和畅，这片安静祥和的景色却被远处传来的一声怒骂打破了宁静。

“朱重八，这都什么时候了，还不把牛牵去山上吃草？我看你是一味地躲懒惯了，怕不是皮子紧了！”孤庄村里一个霸道的地主凶狠地骂道。

“我没有，我没有！我马上就去！”小小的朱重八一边牵着牛往外赶一边流下了委屈的泪水，心想：命运为何如此不公，有些人一出生就可以过上锦衣玉食的生活，而我却只能在这个破地方做放牛娃，还随时随地可能被雇主打骂？

让朱重八没想到的是，命运给他的远远不止这些磨难。

在他长到十六岁时，家乡发生旱灾，好几个月都没有见过雨，种下去的秧苗都快干死了。祸不单行，旱灾刚过，第二年春天又发生了更严重的瘟疫，村民们接二连三地病倒，这对于孤庄村这个贫穷的小地方来说无异于雪上加霜。

这次瘟疫中，他的父亲、大哥以及母亲在不到半个月的时间里先后去世。可怜朱重八父母走时，他家里连一贯钞、一钱银子都没有，根本买不了棺木，更谈不上买坟地。

为了能给逝去的家人一个安身之所，朱重八去找之前雇他做过活的雇主，希望他可以施舍一块埋骨之地。但这狠心的雇主只顾着自己的事，哪里会理会一个小小帮工。

最后，还是同村村民刘继祖于心不忍，割让了一块田地给朱重八。虽然没有棺木，但总算让朱重八的家人死后有处可以安歇。朱重八和他的二哥仔细把家人的遗体用几件破衣裳包裹了，抬到坟地埋葬。

处理完家人的后事，朱重八不禁悲从中来：没有了父母，我以后该何去何从？如今村里稍微有点钱的人家都到外面逃荒逃瘟去了，谁还会雇我做事呢？他又想了想周围的亲戚，发现也没有谁可以投靠的。

朱重八和二哥商量，可二哥肚皮也吃不饱，他也没主意。当时和朱重八关系好的几个朋友，如周德兴、汤和都出外谋生去了，更没人可以商量了。从四月一直等到九月，快半年了，朱重八还是找不出一条活路。

走投无路下，朱重八去投奔了皇觉寺的高彬和尚，剃度为僧做了小行童。但朱重八从小就不是安分无争的人，才在寺里住了不到两个月，他发现在这里也不能吃饱肚子，还得天天念经干苦活。

在有可能被饿死的情况下，朱重八打定主意，要去看看外面的世界，他开始了游方（僧人、道士为修行问道或化缘而云游四方）生活。

朱重八听人说汝州一带年岁比较好，很多饥荒出来的人都朝那边去了。他过够了饿肚子的苦日子，想都没想便决定跟着大部队的方向前进，心想：哪里有饭吃，我朱重八就往哪里走。于是，他往南先到合肥，转向西到固始、光州、息州、罗山、信阳，北转到汝州、陈州，东返由鹿邑、亳州到颍州。

这一路上，朱重八只挑富裕的大户人家化缘，对着有富余食物的人家敲木鱼。但他能填饱肚子的时候很少，大多数时候斋饭都是硬生生讨要来的，可谓受尽了白眼。这一时期的境况，他后来还毫不避讳写在了《御制皇陵碑》里：

众各为计，云水飘扬。我何作为，百无所长。依亲自辱，仰天茫茫。既非可倚，侣影相将。朝突炊烟而急进，暮投古寺以趋跄。仰穷崖崔嵬而倚碧，听猿啼夜月而凄凉。魂悠悠而觅父母无有，志落魄而侠佯。西风鹤唳，俄淅沥以飞霜，身如蓬逐风而不止，心滚滚乎沸汤。

虽然很苦，但这种跋山涉水的生活，给朱重八后来的行军生活积累了丰富的经验，也锻炼了他当兵所需的充沛体力。

这天，朱重八到一家大户人家化缘。敲门后，一位慈善的老人家出来了。这位老人家恰巧是佛教信徒，知道朱重八是来化缘的，态度很和蔼，马上请他进屋里歇歇脚。他一边说着话，一边让家丁端出一碗茶来给朱重八解渴。

“这茶的味道和别地的茶不一样，甚是香醇。”朱重八感叹道。

老人面含微笑道：“这茶是我家孩子上个月去江浙一带谈生意时带回来的。据说现在很流行这么吃茶呢。将茶直接放入锅中炒制，等茶炒干了便保存起来，想喝茶时可以直接加水烹煮，很方便。”

“原来如此，受教了。”朱重八向老人作了个揖。

这其实就是朱重八后来爱不释手的散茶。

日子一天天过去，时局也越来越差——皇帝昏庸无能，政治腐败不堪，高层对百姓也是横征暴敛……元至正十一年（1351），再也不堪负重的农民用红布包头，扛着干农活用的竹竿锄头、长枪板斧，揭竿而起，这就是红巾军起义。

朱重八不愿再过“乞讨”的生活，一跺脚便也加入了起义军队伍，想要和一些有志之士一起反抗元朝统治。这个时候，他给自己改了一个名字——朱元璋。

日子虽然还是苦，但慢慢地，朱元璋觉得生活有奔头了。在他的不懈努力下，他变成了这支队伍的上层领导。

当领导的日子事情很多。为了将推翻元朝统治的事业进行到底，军队的统领们又在商量着扩充起义军队伍。但这次他们要的是有战略眼光的人才，难度有点大，推来推去，招揽人才的任务最终落在了朱元璋头上。

时不我待，这个决定刚做出，朱元璋立马就带着几个随从亲自到江浙一带招揽人才。可不知是哪里出了纰漏，一行人刚到杭州的西大门富阳，便引来了元兵的追捕，慌乱中他们逃到了安顶山避难。

幸而安顶山上大西庵中的三位道士鼎力相救，他们将朱元璋等人藏在神像下方的地下密室。第二日早上，等真正安全后，道士们才去神像前喊道：“你们快出来吧，官兵已经离去了！”

“多谢道长们的救命之恩。幸得几位道长相助，我们才能躲过追杀，免去一劫。”朱元璋此刻仍惊魂未定。

这时，一位道士端了一碗茶递给朱元璋，说道：“快喝碗茶，压压惊吧。”

朱元璋呷了几口，觉得此茶香气、味道独特，喝完唇齿留香，心想：倒是和当年那位老人请我喝的茶有相似之处。他向道士们询问此茶的来历，一位道士领他到杨树岗上，说：“看，就是那几棵茶树的茶叶炒制而成的。”

只见眼前近处云雾缭绕，云雾之中笼罩着数棵茶树，东方晨曦映得茶树仙气飘飘。见此，朱元璋便脱口而出：“好一丛云雾香！”

休整了半天，朱元璋一行人便拜别三位道士，出发招揽人才去了。

……

朱元璋建立明朝后，仍念念不忘安顶山上三位道士的救命之恩，当然也甚是想念着那“云雾茶”的滋味。于是他准备了一些礼物，派钦差直奔富阳，上安顶山对三位道士进行嘉奖封赏，以谢其救命之恩。

富阳县县令听说此事，心想：刚登基的皇帝竟然这样兴师动众地对三位道士进行赏赐，我也得表现一番。于是，他急匆匆地派了一名地保上山通知道士，结果这个地保到了大西庵，只留下一句：“钦差即将带兵上山来了。”

好巧不巧，这三位道士原本是亲兄弟，早年因为不堪忍受乡里恶霸的欺辱，便冲动杀掉了恶霸全家，这才逃到富阳。他们在富阳隐姓埋名，出家避难。听见官兵即将上山来，还以为是东窗事发。因为不愿被逮捕后遭受极刑，三兄弟商量后，竟一起悬梁自尽了。

第二天，钦差、县令等一行人浩浩荡荡上了安顶山。抵达大西庵后，却只看见三具悬挂在房梁上的尸体，这可把他们吓坏了，直呼：“这下该怎么向万岁交差！”但人死不能复生，他们也只能将道士们的尸体入土安葬，然后回京复命。

钦差回京复命，如实禀报。朱元璋听后流下了两行热泪，遥望大西庵的方向，摆酒祭奠。后来朱元璋封三位道长为“三仙明王”，还差人在安顶山上给三位道长建了一座庙宇，在他们的墓前立了“三仙明王”碑。这块墓碑历经六百余年，至今犹存残碑。

除此之外，朱元璋还下旨将富阳安顶“云雾茶”列为贡品，年年春天差专人采摘炒制后送到京师供其饮用。这也成了制茶习惯被改变的一个小小开端。

二、体恤百姓疾苦，“提拔”散茶

自茶兴于唐代，盛于宋代后，向宫廷进贡的茶叶往往都是采取团茶饼的形式。到了元代，贡茶还是传统的团饼茶，依然沿用宋代的龙团茶制法，王公贵胄品饮贡茶的这种爱好和宋代没什么差别，仍以“龙凤团饼”为最佳品。虞集还写过“摩挲旧赐碾龙团，紫磨无声玉井寒”[1]这样的诗句。

朱元璋当上皇帝后，终于有机会体验皇帝喝茶的待遇。

一天，朱元璋突然想起这件事：早就听说过龙凤团饼的魅力，今日我朱重八也来试试这传说中的味道。便命身边的大太监给自己安排下去。

“叫宫里的茶师速速到殿前侍奉。”大太监传令下去，下面的小太监立即弯着腰、摇曳着身体急急忙忙地赶去叫茶师。

①虞集：《东家四时词四首其二》。

大太监进来通报：“皇上，茶师来了。”这一会儿工夫，朱元璋已经打了一个盹，听到茶师来了，他抬手示意让茶师进殿。

茶师向朱元璋行了一个喝茶时的礼仪，朱元璋也客气，还上前扶了一扶。君臣客套一番后，茶师便把准备好的器具拿出来，准备向皇帝展示煮茶过程。

他小心翼翼地拿出龙凤团饼放在盛茶饼的容器里，朱元璋立马说：“朕还从来没见过龙凤团茶，快拿上来

明太祖
朱元璋像

给朕瞧瞧！”丝毫不怕身边的人在心底里说他是土包子。

茶师一边双手将茶饼呈给朱元璋，一边解说道：“陛下请看，这龙凤团茶从采、拣、蒸、榨到研、造、焙、藏，工序烦琐，团茶上的龙凤纹饰工巧精细，这龙凤团茶的茶饼表面的花纹是用纯金镂刻而成，以彰显陛下身份之尊贵。宋徽宗赵佶都曾在《大观茶论》里说‘采择之精，制造之工，品第之胜，烹点之妙，莫不盛造其极’。”

朱元璋接过茶饼仔细观看，点头称道：“不错，不错，制作的确精良。”他示意太监将茶饼递回给茶师，说道：“那就开始制茶吧。”

只见茶师先将这龙凤团茶的茶饼碾碎，放在碗中待用。随后他便用铁锅烧水，等锅中的水微微沸腾冒泡，便开始冲点之前放入碗中的茶粉——首先注入少量沸水将茶粉调成糊状，然后再继续向茶碗中注入沸水，同时又要用茶筅搅动，使茶末上浮，从而形成粥面。这程序还是依照着“末茶”来进行的。

原本末茶制作起来就很麻烦，后来还发展成了“择上等嫩芽，细碾入罗，杂脑子、诸香膏油，调齐如法，印作饼子，制样任巧，候干，仍以香膏油润饰之，其制有大、小龙团，带銙之异，此品惟充贡献，民间罕见之”，也就是现在展示在朱元璋面前的龙凤团茶。

因为步骤太过烦琐，朱元璋又快要睡着了。

旁边的太监见状，在朱元璋耳旁轻唤：“万岁。”

“万岁，茶好了，请品尝。”茶师双手将茶奉上。

朱元璋接过这一小杯茶，看了看，心里想：颜色倒是怪好看的，不知道喝起来味道如何。他拿起茶盏，一饮而尽，茶师看了差点笑出声。太监急忙给茶师使了个眼色，幸好没让皇上给看见。

整个大殿静了一会儿。朱元璋微微皱了皱眉头，才勉强说出一句：“不错，不错。”心里却想：这是什么玩意儿？还不如直接投放茶芽煎煮来得好喝！但他不能表现出来，毕竟这团茶被那些王公贵胄捧上了天。

“以后茶师就每旬到这殿里来上两三次，为朕烹这龙凤团茶吧！”

“遵命！”茶师喜不自胜。

随着朱元璋慢慢坐稳皇帝的位置，年龄慢慢增长，他的脾气越来越差了。

有一天，茶师像往常一样为朱元璋烹茶，朱元璋呆呆地望着远方出神，身旁的太监也不敢惊扰朱元璋。等朱元璋回过神来，茶已如往常一样端到他面前。朱元璋突然就发火了：“谁让你们给我喝这种茶的！”茶师和太监吓坏了，急忙跪下颤抖地说道：“万岁饶命！万岁饶命啊！”朱元璋这才冷静下来。

人老了就爱怀旧。朱元璋想起了自己过着苦日子的时候，这些王公贵族还在压榨百姓，尽情享受纸醉金迷的生活，气就不打一处来，现下再无兴致品尝团茶了，只好说道：“起来吧！赶紧把茶撤了！”

惊魂未定的茶师匆匆忙忙退下，生怕皇上找他麻烦。

贫民出身，过惯了苦日子的朱元璋突然对浮华的团茶感到十分厌倦。他想不通，明明这茶叶泡一泡就能喝，味道甚至更香醇，这些钱烧得慌的傻子为什么偏偏非要这样大费周章地折腾。“简直是有病！”想得出神时，朱元璋竟破口大骂。

朱元璋又想到制作龙凤团茶的工艺太过复杂，耗费了太多人力物力。草根出身的朱元璋体恤民间疾苦，下定决心要取缔这种制茶模式，改用制作工艺相对简单的散茶。

于是在明洪武二十四年（1391）九月，他发布了一道诏令，正式宣布皇室不再需要团饼茶了，以后都改吃散茶。他认为这样一来减轻民力，二来能让老百姓们都能喝得上茶。

消息一出，百姓都称赞朱元璋是为民着想的好皇帝，他也收获了不少赞誉。江浙一带那些本就生产散茶的商人也都乐坏了，他们终于可以大规模生产散茶了。

其实在宋代时已经有了散茶。元代时除了宫廷，民间饮用散茶已经非常普遍，元代诗人汪炎昶就在他的诗《咀丛间新茶二绝》中写道：

湿带烟霏绿乍芒，不经烟火韵尤长。
铜瓶雪滚伤真味，石硙尘飞泄嫩香。

这首诗描写了诗人摘取新茶直接咀嚼，没有经过复杂的制作流程，反而尝到了茶的本真滋味。从诗中可以看出，当时的文人们已经有一种强烈减少制作程序以保存茶叶本真醇香的要求。只不过由于皇家对于茶的需求多数还是团茶，所以生产的茶叶还是以蒸青团茶为主。

现在朱元璋出了这么个诏令，散茶产量便超过团茶，这也成了炒青取代蒸青的转折点。

诏令发布后，全国各地的制茶商便迅速发展起炒青技术了。

这不，做了三代茶商的陈老板，正招呼着从京城来的茶工商谈着制茶改造事宜呢！

“现在改为炒青散茶给我们茶工减少了很多麻烦，以后还要多多劳烦你了。”茶老板向眼前这个拥有精湛炒茶技术的茶工深深作了一揖。

茶工笑道：“好说好说。”

有人说朱元璋的这个做法在当时也许真的减轻了底层老百姓的负担，但是“罢造龙团”的做法也让中国自唐宋发展兴盛起来的制茶工艺、点茶、分茶等方式逐渐消亡，我国的末茶技艺也由此开始慢慢地衰退，直至再难见到“末茶”的踪影。但从今天的情况来看，其实朱元璋也只是顺应了时代发展的潮流罢了。

参考文献

1.〔清〕张廷玉编，郑天挺等点校：《明史》，中华书局，1974 年。

2.〔元〕虞集著，王斑点校：《虞集全集》，天津古籍出版社，2007年。

3.〔宋〕赵佶等著，沈冬梅、李涓编著：《大观茶论》，中华书局，2019年。

4.〔元〕王祯撰：《农书》，中华书局，1956年。

5.〔元〕梁寅撰：《策要》，收录于清阮元所辑《宛委别藏》，商务印书馆，民国二十四年（1935）影印。

第十四章

让杭城往来的行人都能喝上一杯善茶

在高速发达的现代社会，人们出行时饮水用餐都相当方便，恐怕很难想象古人在外赶路时一水难求的场景。那么古人在路途中渴了，自己带的水又喝完了，是靠什么解渴的呢？

其实从唐代开始，全国各地陆陆续续出现许多凉亭。这些凉亭修建在交通要道上，充当行人休憩之所，并向过往行人提供免费的茶水。一来二去，这凉亭便被唤为茶亭。在路途中口渴难耐的古人，便是靠茶亭所施之茶来解渴的。

直到今天，杭州许多茶亭都还延续着这种施茶的传统。不要小瞧这不起眼的茶亭，它可发生过许多故事哩。

一、拾金不昧待失主，造就“还金亭”

在杭州这个“天堂”还发生过许多关于茶亭的故事。

明朝时，昌化县（今杭州临安）的清凉峰镇白果村乾山有一名老人叫王之臣，字仰峰，村民都叫他老王。老王的家境十分贫困，但他本人却有一身傲骨，即使白发苍苍，也不愿接受他人施舍，坚持靠自己的劳作所获养活自己和家人。

一天，老王顶着烈日上山砍柴。回程时刚走到半山腰就累得不行了，他顿了顿，想着再坚持一会儿，山下有个亭子，走到那里就可以休息了，便一鼓作气走到了山脚下。

远远地看见凉亭，老王长舒了一口气，终于可以歇一会了。

他挑着柴，气喘吁吁地走进凉亭。放好柴堆，正准备坐下，却在坐凳上发现了一个小袋子。“这是什么？”老王疑惑道。打开一瞧，只见里面放了好几锭银子。从没见过这么多钱的老王吓坏了，马上把布袋放进怀里藏起来。他原本想等失主回来，但又怕家里老婆子担心，便决定先回去报备。

于是老王也不歇息了，带着钱就急忙往家里跑。

黄昏日落，炊烟升起。

“老婆子，你快来！”老王着急地喊道。

王婆婆正在揉面，一边擦手一边回答：“来了，来了，什么事这么急？”

老王把刚刚捡到的钱拿了出来：“你看！”

“哪里来的这么多钱？”王婆婆也吃了一惊。

老王擦拭着脸上的汗水，说：“午饭后我不是上山去砍柴吗？回来的时候走累了，就打算在山脚下的凉亭里休息一会。结果还没坐下，就看见这一袋钱，便急急忙忙赶回来了。”

“那这钱可怎么处理，这可不是一笔小数目啊！”夫妻俩活了大半辈子也没见过这么多钱，心里都慌得很。

“我想失主现在应该也很着急，说不定会回来找，不如这几天我就去亭子里等着他吧。”老王挠挠脑袋说。

“我就知道你这个人，总是这么死脑筋。但既然你心里已经有主意了，就去做吧。”王婆婆虽然面上状似无奈，心里却很开心自己的丈夫这般踏实诚恳，“我去给你准备点干粮。”

于是，第二天一大早，老王带上妻子给自己准备的干粮就去了昨天的那个亭子。

老王来到亭子，凉风徐徐，有许多人在此乘凉，便上前询问道：“请问在我来之前，有没有人到这里来找失物啊？”

“没有，没有，只有现在坐在这儿的这些乘凉的人。”一个行人说道。

“多谢。”老王也找个位置坐下了，心想：那我便等等看吧。

下午的时候，有个年轻人匆忙地跑进凉亭里。老王心想：这人莫非就是我等的失主？他立马起身询问：“这位后生，你是不是在寻找什么东西？”

"对，老伯，我昨天在此处丢失了一个袋子。"这位后生赶忙擦去脸颊上流下的汗水说，"敢问老伯可有什么线索？"

"嗯……我昨日砍柴到此处休息时正好捡到一个小袋，不知是不是后生你的？你的袋子里都有些什么东西？"

后生略显伤感道："袋子里装着我母亲去世时留给我的遗物。"

"那我捡到的袋子怕不是你的了。"老王有些沮丧地说，后生听后也很失望。

天气炎热，亭子里的人来来往往，老王一直坚持等待失主的到来。

直到天黑也不见有其他遗失物品的人来这凉亭寻找，老王为了不错过失主，干脆就在这凉亭里睡下了。好在是夏季，倒也不冷，只是蚊虫甚多，夜里被蚊子扰得睡不安稳。

第二天，行人陆陆续续地多了起来，老王只能靠在柱子上打瞌睡。来往行人中有人还十分关心老王的状态，问他："这位老伯，你没事吧？"

老王能有什么事，只不过昨晚没睡好补个觉罢了，只说："无碍，多谢你关心。"

今天的太阳很毒，老王带的水早已喝完，快到中午时已经口渴到不行了。一筹莫展之际，只见远处有个熟悉的身影，他惊喜地问："老婆子，你怎么来了？！"

“昨晚你都没回来，我担心你出什么事，过来看看。”王婆婆忧心忡忡地说道。

“没什么，我就是怕那个失主大晚上回来找东西，所以在这里守了一晚。”

“我给你带了些吃的。我说你也真是老实，东西都吃没了还死守在这里。”

老王感动道：“谢谢老婆子，辛苦你了。”说着接过食物大快朵颐。吃了四五口，他补充道：“天气太热了，你等太阳最毒的时候过了再回家吧。”

入夜，老王依旧在亭子里睡下。

第三天，天空刚露出鱼肚白，老王已经清醒了。他躺在亭子里开始变得焦急：这失主到底还来不来啊？要是不来，这一袋子银两我又该作何处理啊？唉，真愁人！

不过，随着亭子里歇息的行人逐渐增多，老王的顾虑又渐渐消除，他靠和行人聊天打发这无聊的等待时间。不知不觉到了傍晚，一个年轻人气喘吁吁地从远处赶来。他走进亭子里这里看看那里看看，小小的一个亭子都快被他瞧出花来了。找了两三圈，他又跑到亭子周围看来看去。

这时，老王发觉了不对劲，问道：“后生，你在找什么？”

“老伯，我前几天路过此处时，不小心遗落了上京赶考的盘缠，因为身上还有些碎银子，所以到昨天午后才发现装盘缠的布袋掉了，这才匆匆一路找回来。”年轻人答道。

“哎呀！可算让我等到你了！我前几天正好在亭中捡到一个布袋子。你说说，袋子上纹了什么花样？”老王兴奋地问。

“布袋上是家母替我绣的一朵荷花，里面有几锭银子。”

“我等的就是你啊！真是急死我啦！给，现在物归原主，我的任务也完成了。”老王心里终于放下了一块大石头，明早醒来不用再为失主没回来该怎么处理这笔钱发愁了。

“真是太感谢你了！这几天，你一直守在此处吗？”年轻人被老王的厚道感动得落泪。

老王乐呵呵地说：“不值一提，不值一提。”

“请受晚辈一拜！”说完，年轻人又从布袋里拿出银子请老王收下。只是老王不是那见钱眼开的人，摇着手推脱道：“你这就是看不起老头子我了，我在此处等你不是为你的钱，拾到东西还与失主是天经地义的事。”

“晚辈知道老伯定不是那浅薄之人，只是这几天辛苦你了，你就收下吧！”年轻人仍坚持着。

“刚才你说自己是上京赶考的，这往后啊，需要钱的时候多着呢！你的好意，老头子我心领了。”

两人推来推去，年轻人最终败下阵来。

“那好，待我功成名就之时，必定再次登门拜谢！烦请老伯将住址说与我。”因赶路要紧，记下地址后，年轻人对老王作了一个揖，便急着上路了。

几年过去了，那年轻人当真功成名就了。他心里还记挂着老王的恩情，按着地址回去找老王。但是经他多番探寻，从一个老翁嘴里得知，老王已经去世。

年轻人很是伤心，为纪念老王帮助自己的善举，便出资在横溪桥边修建了一个茶亭，取名“还金亭”，还留有题额“还金著身”，亭柱楹联上写着“还金德高，芳名留百世；建亭义重，古迹永长存”。每逢夏日，此亭还会有专门的施茶人，也算是把老王的善举延续下去了。

因一时的善行而修建的茶亭被世人永久铭记，它不再是一个单纯的茶亭了，其中蕴含的善意随千年茶香弥漫延续至今。今天，路过还金亭虽不能喝到醇香的茶水了，却能见到成群结队的中小学生到此学习中华传统美德。

二、武林僧人行善举，建凉亭施茶

明朝时期，随着城市经济的发展，县、州之间的商贸往来日益频繁，城镇间形成许多集市，商贩、商旅的队伍日渐庞大。农村经济也受到影响，农民不再局限于自家的一片土地，也开始有了商业行为。

不过，因交通设施有限，大部分商旅行人都是依靠肩挑背扛步行到目的地的，常常走得腰酸背痛，非常辛苦。这个时候，路边的茶亭就起到了很大的作用。

茶亭的存在正是为了让过路的行商旅客进去休息一

下，缓一口气，解一解渴。所以那时候几乎每隔五里十里就设有一个茶亭。

可是在杭州的乌盆桥附近方圆十里竟没有一个茶亭，过往的行人每每走到此处便无处歇脚，苦不堪言。

正值酷暑，这天，赶着去隔壁镇上卖菜的王大爷，卯时左右（早上 5 点至 7 点）就从家里出发，结果一路走走停停，快一个时辰才走了一半的路程。这天又是艳阳高照，还不到巳时（上午 9 点至 11 点），太阳就把地面烤得滚烫，要下不去脚了。

王大爷走到乌盆桥时，实在是走不动了。他四处望了望，却不曾见到半块阴凉地儿，只得任凭豆大的汗珠不断滑落。

他烦闷难当，差点就出口成“脏”了。见到前面有人，才平静了一下，上前说道：“这天气怎么如此炎热，还让不让人活啦！附近也没个可以歇脚的地方，出门一趟可真是遭罪！”

“是啊，每次我从家里出去贩卖东西，走到此处正好精疲力竭，奈何却没有一个地方可以歇息。”那人听到王大爷的话回头接口道。

“不容易啊，咱们还是赶紧上路吧！一会日头更盛，那滋味更不好受了！”说着，这两个农户便各自上路了。

杭州永慈寺有两个年轻的僧人，是一对师兄弟，一个叫宗晏，一个叫庆秀，今日恰巧路过此地，听见了两个农户的对话。既为出家人，当以慈悲为怀。见此情景，两人不免生出悲悯之心。回程路上，两人一直在商量怎样才能帮助到这些辛苦的农户。

快到寺庙时，庆秀突然开口："对了，师兄，我记得我们之前去湖州，沿路上不是有许多的茶亭可以让行人休息喝茶吗？不如我们也在乌盆桥附近修建一个茶亭吧！"

"你这倒是提醒了我。茶亭可以遮风避雨，而且我们还可以在里面给行人提供茶水，这不就解决了来往行人无处可歇的难题了吗？"宗晏说着点起了头。

修建茶亭本就是行善积德的事情，两人便打定主意要在乌盆桥路口修建一个茶亭。

回到寺里，庆秀又说："师兄，修建茶亭所需的钱说来也不是什么小数目。寺里那些施主捐的钱并不多，只够养活寺里的僧人，这可如何是好啊？"

宗晏却说："这倒没什么大不了。你忘了我们是出家人吗，可以去乌盆桥路口化缘啊！想必过往行人若是知道这钱是用来修建茶亭的，都会很高兴吧！"

"对啊，我倒是把这茬给忘了！"庆秀傻傻笑道。

就这样，他们便开始在乌盆桥路口敲木鱼化缘。只要有商旅行人路过，两人就会上前悉心解释，想募捐善款在此处修建一个茶亭供奔波的人休息。听完这番解释，行商游人都乐见其成，毫不吝啬地捐出善款。

没过多久，宗晏和庆秀便募捐到足够的钱修建茶亭。他们立即买好材料、找好工匠，准备开工。在修建茶亭期间，路过的行人还会前来帮忙。于是，乌盆桥路口的这个茶亭在众人的齐心协力下很快便修建完成。

茶亭建成后，过往行人便在此处雨时躲雨、晴时避阳、累时歇脚。

看着在茶亭里神情满足的人们，宗晏和庆秀很有成就感，发自内心地感叹道："这下过往行人总算有个休息的地方了，不至于像以前那么辛劳。"

"歇脚的地方解决了，我们是不是还得给行人提供茶水解渴？"庆秀又发问了。

宗晏道："正好修建茶亭的善款还剩一些，我们就用剩下的钱在亭子旁边打口井吧。一来行人可以自己打水使用，二来我们也方便给行人提供茶水。"

于是，宗晏和庆秀又马不停蹄地开始了在亭子旁修一口水井的计划。镇上有一名专门打水井的工人听说后还特意跑到乌盆桥帮忙，不到半个月，水井也竣工了。

水井工人走之前乐呵呵地说："两位小师父，以后有事尽管吩咐，小人就是专门干这个的。"

二人行礼道："多谢施主帮忙，你定会有福报的，阿弥陀佛。"

翌日，宗晏和庆秀开始在茶亭施茶，行人都被两人的义举感动了。

"两位小师父，真是太感谢你们了，又是修亭又是建井的。当初我从家里去隔壁镇上卖米，每每走到此处都累得不行，有时就直接坐在地上了，遇着雨天只有淋雨的份，天气热的时候，那地晒得站都不敢站，更别提坐着了。如今有了这个凉亭什么问题都解决了，你们会有好报的。”一个背着背篓的农人边说，边向宗晏和秀庆行礼。

“对啊，这么多年了，总算是有个可以歇息的地方了。想想前几年，赶路累到不行的时候只有瘫在地上，水也喝不上。”一个正要前往杭州的商人说道。

一旁的那个中年人也附和道：“就是！就是！真的太感谢两位小师父了。”

“我们也只是做了应该做的事罢了，施主客气了。出家人不求别的，只要看见这过往行人能够有个歇脚处，我们师兄弟就觉得心满意足了。”

此后，从乌盆桥路口经过的行商、旅客和农人逢人便会将两人做的好事夸赞一番。慢慢地，很多人都知道

茶亭免费施茶时使用的铜茶壶，现在茶馆里还可见其踪影

乌盆桥路口有茶亭了，有的人甚至还专门过去感谢他们，宗晏和庆秀也因修建茶亭名声大振。

茶亭的出现，让之前那些不愿经过此地去卖货的商人也开始走乌盆桥这条路了，这样一来又拉动了周边地区的经济。

日月轮转，到清道光年间（1821—1850），乌盆桥的茶亭仍在为过路的行人提供服务。

时至今日，在杭州的一些地方还有茶亭存在，也还保留着“施茶”的这种善举。小小一方凉亭，因汩汩善茶，才被冠以“茶亭”之名。这茶叶在此时不再是茶商手上的货物，而是一片热心助人的赤诚之心。

三、调节纠纷的太阳镇茶会

进入十月，天一日比一日凉，太阳镇（今属杭州临安）的百姓早已贮存好过冬的粮食。农忙时节已经过去，他们都在等待几天后的一场庙会。

唐天宝十四载（755），史思明与安禄山不安本分，发动“安史之乱”，妄图夺取江山。战争期间，有一位将军，为保护黎民免遭战争屠戮，既不愿投降也不愿逃走，最后战死沙场。

太阳镇就是这位将军的埋骨地。当时的百姓为了纪念他，就在镇上建立一座东王庙，并为他塑了一座像。久而久之，祭祀活动衍生出为期三天的庙会，定在每年的十月二十四日至二十六日。

一晃眼，就到了太阳镇庙会的举办日。日落后，小镇没有陷入一片黑暗，而是被家家户户的灯笼与烛火照得亮白如昼，人们蜂拥赶到东王庙旁。

“这茶叶怎么卖？”一名男子领着孩子问询散茶价格，摊主因在忙着售卖其他农副产品，没顾上搭理他。男子反复喊了几声，却一直被晾在一旁，顿时不耐烦了。

他猛地一掌拍向脆弱的货架，怒道：“你怎么做生意的？喊你几遍了……”话还没说完，摆着茶叶的货架立时塌到地上，茶叶也撒了一地。

摊主闻声转过身来，没来得及回话，就见满地茶叶被庙会上拥挤的人群来回践踏。他心头火起，冲上去与买茶的那人争执起来。你推我搡之下，原本一句道歉就能解决的小事演变为拳脚相加。

“都住手，好好的庙会，给我消停消停！”只听一声大喊，人群中冲出一个男人，奋力将两人分开，“什么大不了的事，不能好好说，非要当众打起来？”

“蒋哥，这人名为买茶实为砸场子，他把我的茶全招呼到地上去了。”

被称为蒋哥的人没有仅凭摊主的一面之词就不待见那买茶的男子，而是又转头听了买茶男子的说法。了解事情经过后，他将两人拉到一处，好好开解了一番。

“大哥，今晚这事儿都第几出了？他们不累，我都累了。”说话的人站在蒋哥一旁，听语气应当是他的兄弟。

蒋哥送走买茶人，又安抚了几句摊主，才叹口气接话：“是啊，年年如此！现在庙会期间的生意越来越好，商贩争抢地盘，与客人发生争执，都是家常便饭了。”

“大哥，依我说。太阳镇也该成立个茶会了，好管管这些鸡毛蒜皮的小事。”蒋哥看了看他，有些讶异，没想到自己的傻弟弟竟能提出这么具有建设性的意见。

太阳镇隶属临安，而临安对整个杭州而言，是个交通要塞。它东可到余杭与杭州城，西边又连接安徽、江西边界，南靠建德、桐庐，北通安吉、孝丰，是南来北往商贩的必经之地。

因此，临安的农村经济比较发达，集市更如雨后春笋般地从各个村落冒出来。频繁的贸易往来有时也会带来矛盾，临安好多村落为了应对这类突发情况，专门建立茶会组织以调节纠纷，还定期组织召开物资交流会。

直到目前为止，太阳镇还没有成立任何茶会组织。

“你说得对，我们太阳镇也该建一个茶会了。庙会结束后就叫上蒋允显、何明德他们，来我家中商量这事。”

三天的庙会很快结束了，其间又发生了不少纠纷，都是蒋氏兄弟前去调解的。蒋家世代居住在太阳镇，名声不错，其中的老大——蒋光献，更是深受百姓爱戴，是太阳镇名副其实的主心骨。

冬日的寒气被挡在门外，蒋光献本就不大的房间里挤满了人。他们围坐在桌旁，正商量着怎样组建茶会。

“临安三岔路口有个锦会亭就是那边的茶会修建的，每年由茶会施茶三个月，县令为了鼓励他们做善事，还特意划给一座茶山，供他们砍柴，分文不取。”蒋光献将自己了解的信息说给朋友们听。

“而且，茶会组织还可以调解每年商贸交易产生的纠纷。你们想想，这两年太阳镇发生了多少次争执？我们组建茶会只有好处没有坏处。”蒋光献的弟弟蒋胜先烦透了帮人劝架，他十分期待茶会能顺利办成。

没讨论多久，所有人都同意建立茶会。然而，还有几个难处摆在眼前，他们不得不多多思量。要建茶会，钱、田、山、房屋从哪里来？

“建茶会可是造福一方的好事，我们大可以公之于众，向镇上的民众募集钱财和物资。”

蒋光献听了也觉得可行，当即征求其他人的意见。不出所料，大家都觉得这是个好主意。商议停当，大家就纷纷去宣传募捐了。

太阳镇上的百姓虽非富裕人家，但温饱之余还是有点儿闲钱的。蒋氏兄弟将组建茶会的事一宣布，就得到了许多人的支持。太阳镇赫赫有名的两位乡绅徐士选与谢大应分别捐款五十两与三十七两；蒋氏兄弟则带头捐了几亩田地，用于修建茶会的办公场所。镇上的谢凤彩听说要组建茶会，二话不说捐出自家的三分山，供茶会使用；镇民杨宗廷表示愿意捐出房屋两间半，并出租一间半……

太阳镇终于有了自己的茶会，以往烦扰的贸易纠纷也有了专人调解，再也没人闹到去见官了。茶会还广设茶亭，免费轮流施茶。每年庙会时，蒋光献等人还在东王庙附近搭建茶馆，给演戏看戏的人烧水煮茶。不到一年，太阳镇茶会就收获了全镇的好评。

“办茶会的一应事项都要留有凭证，百姓们捐了这么多财物，我们得公示出来让大家知道。”蒋光献将心中的打算说了出来，“我们给茶会立个石碑，将捐助人的姓名全部刻在上面，你们觉得怎么样？”

茶会的成员们纷纷赞同，没几天就将这事办妥了。他们专门请了镇上的先生撰写了《太阳镇茶会序》并刻碑，又将捐钱、捐田、捐山、捐屋等人的名字与详细信息都刻在碑上，最后在石碑末端刻好时间——大清道光十六年（1836）岁次丙申荷月谷旦。

刻好字的太阳镇茶会石碑被蒋光献等人立在茶会院内，经历多年风雨的吹淋，直至今日，依然屹立不倒。

高 162 厘米、宽 103 厘米、厚 8 厘米的茶会石碑如今就立在太阳镇杭昱公路文化站院内，碑面的字迹已然模糊，但其记载的茶事却历久弥新。

参考文献

1.〔明〕吴之鲸撰：《武林梵志》，杭州出版社，2006 年。

2. 过婉珍：《杭州临安区石碑茶事》，《农业考古》2018 年第 2 期。

第十五章

『天字第一茶号』就开在这里

翁隆盛茶号的创始人翁耀庭出生在一个以贩茶为生的家庭，他从小就在父母潜移默化的影响下爱上了制作茶叶。虽然他们在改良茶叶这条创新之路上失败了很多次，却从未气馁。终于，在清雍正三年（1725）制作出了“龙井茶”。

四年后，翁耀庭把自己研制的更具色香味的改良“龙井茶”定为主要产品，创办翁隆盛茶号。凭借着“龙井茶”这个品牌茶，翁隆盛茶号门庭若市。

清乾隆十六年（1751），翁隆盛茶号还吸引了乾隆亲临观看制茶过程，并被封为“天字第一茶号”。

一、从小耳濡目染，视制茶为己任

清康熙二十六年（1687），有一姓翁的大户人家，因经营不善导致家道中落。可惜了这翁家仅有的女儿，好好的一个千金小姐却落得个做婢女的下场。有道是“天有不测风云，人有旦夕祸福”，十指不沾阳春水的小姑娘，从今天起竟要开始干粗活了。

不久，这姑娘又辗转被卖入海宁大户陈家为婢。

刚进府的那天，陈府的三公子陈振荣就远远留意到她，偷偷问管家："这是哪里来的丫鬟？"

管家回道："好像是前不久才衰败的翁家的大小姐，说起来也真是可怜。"

"哦！"陈振荣若有所思。

就是那远远的一眼，陈三公子爱上了翁小姐。此后，每日他都会刻意地在翁氏可能出现的地方经过，或者是在一旁偷偷看她干活，有时还会上前帮忙。一来二去，翁氏也对陈振荣暗生情愫。不久，两人便在一起了。

一天，陈振荣对翁氏说："我去跟母亲说我要娶你为妻，你同我一起去吧！"

翁氏不语，只是害羞地点了点头。

这天下午，陈振荣带着翁氏去见母亲并提了婚事，他母亲却勃然大怒："不行！我绝不允许你娶这样卑贱的下人为妻！我陈家在海宁是何等地位？你想娶她，想都不要想！我绝不同意！"

翁氏听后只躲在一旁默默流泪，怨自己如今身份卑微。原本以为这陈家三少爷会就此作罢，结果他却绝不放弃："我就是爱翁氏，不管她是否出身高贵。总之，我非她不娶！"

陈三少爷的母亲气急败坏，喝道："你这个不孝子！如果你执意娶她，那我陈家从此便再无你陈振荣的容身之处！”

话音未落，陈振荣这个公子哥竟然一咬牙一跺脚，只说了一句“孩儿不孝”，跪下磕了三个响头，真的就带着翁氏远走他乡了。

陈振荣带着翁氏来到了杭州。

没有了经济来源的他，好在字画方面还有点造诣。两人便在杭州的梅登高桥以卖字画为生，还兼卖茶叶。虽然每日早出晚归，却也平淡幸福。陈振荣的字画很受欢迎，每天都能卖不少钱，加上翁氏这个贤内助勤加操持，他们的日子慢慢地好了起来。

资金充足后，为了让陈振荣能够轻松些，夫妻俩开始将生意的重心转移到茶叶上。两人用闲钱在杭州开了一个茶铺。没过多久，他们生了一个孩子，随母姓翁取名耀庭。有了孩子，翁氏便主要在家教养他。即便如此，她还是经常操心茶铺的事情，希望能为家里的生意尽一点绵薄之力。

这天，一家人围着饭桌，其乐融融。翁氏突然开口道：“过去人们喝茶，都是将茶叶压制成茶饼，但砖茶、团茶经过压榨等工序，一是破坏茶叶原有的功效，二来茶的本味也失去很多。我们不如琢磨一个新的茶叶加工方法，让茶叶的功效和本味能够更好地保留下来。如果我们制出的茶味道比别的店铺味道更醇香，就可以吸引到更多的顾客。”

因翁氏的一席话，夫妇俩便开始琢磨新的制茶工艺，以求能够提供更加优质的茶叶给顾客。他们每天致力于摘茶、炒茶、品茶，翁耀庭每天就陪在父母身边，偶尔父母也会教他一些关于茶的知识。

“庭儿，你看，采摘茶叶，我们只取上面的嫩芽。来，你来尝尝这新鲜茶叶的味道。”父亲和蔼地说道。

翁耀庭伸过头去：“呀，好香！”

他看着父母对这小小一片叶子居然这么用心，自己也慢慢地对茶叶产生了兴趣。

然而，由于对茶叶的采摘方法、炒锅的温度高低等把握困难，制茶工艺的改革效果一直不理想。但夫妻俩没有放弃，还是一直在钻研。

翁耀庭就是在这样的家庭中长大，耳濡目染，他也爱上了茶叶，长大后也跟父母一样，将改良茶叶的工作视为己任。这便是翁隆盛茶号总店出现的渊源。

二、翁隆盛茶号一枝独秀的秘诀

随着时间的流逝，翁耀庭渐渐长大成人。此时他已有足够的能力，可以和父母一起钻研制茶工艺了。这个制茶工艺改革小组又壮大了一些。

这天，天气不错，太阳正好。翁耀庭想去茶园看看茶长得怎么样了，顺便散散步。

视察一番之后，翁耀庭一个人沿着小道边走边想：这些年，已经试验过上百次了，可这茶仍旧还差些火候，也不知道问题究竟出在哪里。想得出神，脚步一歪，他一下掉到了田里。

这一摔竟让翁耀庭恍然大悟。他马上跑回家，把制茶的家伙什架上，叫来父母一同等待。待炒制出锅后，他将茶叶倒入大簸箕进行筛选，在场的人都被迎面而来的茶香给吸引了。

“成了！成了！我们终于成功了！”一家人大声欢呼起来。

陈振荣匆匆忙忙拿着这刚刚炒制好的茶叶到茶铺去，恰巧有位老顾客在场，他立马将茶叶放进茶瓯中，命人提来一壶开水，倒进去冲泡。稍等一会，再将茶水倒入水杯中，请这位老顾客品尝。

“怎么样？”陈振荣期待地望着这位老主顾。

这位老顾客点点头，赞不绝口：“哎呀！好茶，好茶啊！老兄你们家这茶终于给制出来了？”

“是啊，是啊！真不容易啊！”说着，陈振荣喜极而泣。

一家人经过反复的琢磨、研究、加工，来来去去上百次的失败，终于在清雍正三年研制出一种扁平状的散茶，并将其取名为“龙井茶”。

原来这龙井茶在适当的温度下翻炒后晾凉，便可以封罐保存，不必大费周折地将其压制成饼，且功效和本味都保留了下来。龙井茶一经推出，便立刻因清香扑鼻、回味隽永广受欢迎。顾客们一传十，十传百，杭州的百姓都知道有一家茶铺卖的茶与众不同。翁家茶铺从此宾客盈门，一家人都很有成就感。

不过翁耀庭并没有止步于此，仍在不断地创新。每天他都会先到茶铺去收集顾客的意见，随后步行至自家茶园观茶采茶，再将新鲜的茶叶带回家中做实验。茶工们每每见到他，都觉得能有这么一位老板，心底真的很踏实。

如此周而复始，皇天不负有心人。用了四年的时间，翁耀庭终于创制出色、香、味、形都堪称上品的改良版“龙井茶”。新龙井制成的第一时间，他首先想到的就是自己的父母，立刻跑到大堂亲自泡了两杯茶给父母品尝。

“父亲母亲，觉得怎样？”

“这茶颜色青绿，闻上去也比之前的更为醇香，味道自是不必说了，真是佳品啊！我和你母亲也更放心把这家中茶业交付于你了。”

“你父亲把话都说完了，我只好当个安静的品茶客了。”翁母笑道。

能够得到父母的认同，翁耀庭觉得很开心。

后来，他还按照地域口味将茶叶分为“狮”“龙”“云”“虎”四个品级。在这一年，翁耀庭创立了翁隆盛茶号，就如他的名字一样，终于光耀门庭了。他不负众望，将父母一手创立的小小茶铺变成了杭州家喻户晓的翁隆盛茶号。

当时，其他茶号还没有意识到创新对于茶叶的重要性，虽然眼红，却只想着总有一天大家会喝倦这翁隆盛的龙井茶，依旧卖着自家的老式茶叶。

等到这些茶号回过神，想奋起直追时，翁隆盛的龙井茶已经享誉盛名，广受百姓欢迎，成为杭州茶界的杰出代表。

要说翁隆盛茶号能在众多茶号中脱颖而出的原因，除了翁耀庭对于做茶的坚持不懈与不断创新之外，还离不开他对茶叶品质的极高要求。

茶号在广告宣传中就强调“每逢进货必采头帮之叶（俗称头茶），逾立夏节后之二、三、四帮则摒而不取。因初春所摘之叶，其色嫩绿，其气芬芳，其味隽永”。

这是在告诉大众，我“翁隆盛”只收雨前（谷雨）茶，不收雨后茶，更不收夏、秋茶，可谓实诚。后来世人也都

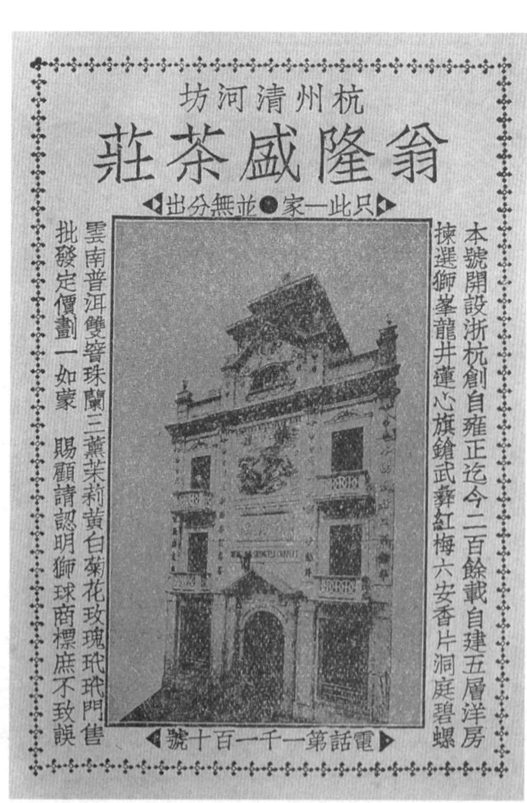

翁隆盛茶庄广告

说：“天生瑞草，三前摘翠，碧芽悦目，秀色可餐，其美也脍炙人口，其名也冠于全球。”

春茶的色、香、味远非夏茶、秋茶所能比拟。翁隆盛茶号从清明前开采茶叶到立夏就立刻停止，绝不允许立夏以后的茶叶出现在自家茶号。

每年春天都是茶号最忙的时候，除了自家的园子，茶号因为需求量大还会去各处购买原料。虽然已经聘请许多帮工，但翁耀庭对于茶叶的选购很多时候还是亲力亲为。

翁隆盛不仅对采茶的季节严格掌握，对茶叶产区的选择也毫不松懈。因为龙井茶是茶树、泥土、水质、空气等多方面因素综合作用下的产物，俗话说“一方好水土养一方人才”，茶叶也是如此，所以翁隆盛的招牌——龙井茶，就只选狮峰、龙井、翁家山等高山区的茶叶制作而成，秉持宁缺毋滥的原则。

除此之外，茶号由于资金雄厚，往往都会把一季茶叶收足，这样便可全年供应，一年都不会断货。和别的茶号比起来，便又多出一分竞争力，更因掌握了茶叶高质量的关键，翁隆盛才能在众多茶号中脱颖而出。这便是翁隆盛经营成功的最大秘诀。

自此，每天在“翁隆盛”门口排队买茶的人络绎不绝。

三、乾隆御赐“天字第一茶号”

乾隆爷爱游山玩水那可是出了名的，说他是天下第一旅游达人也毫不为过。

清乾隆十六年，这位旅游达人又闲不住了，想要去江南溜达溜达，美其名曰“南巡”，实际上是嫌皇宫太闷，想要出去走走，看看美景。

事不宜迟，趁着好风光，立马出发。

乾隆的“南巡”可不是“微服出访”。皇帝出宫是大事，人身安全更是马虎不得，不带上两三千号人，前呼后拥地出去，都对不起自己“真龙天子”的名头。

每到一个地方，乾隆都是在大批御前侍卫的簇拥下进入城门的，城门两侧还有许多巡抚、总督、知府这样的高官早早地在恭候圣驾。

不多时，乾隆到了杭州地界，杭州知府带着一众官员热闹迎驾。酒足饭饱后，乾隆突然开口问道：“我记得上贡龙井茶的‘翁隆盛茶号’就在这里吧？”

“回禀皇上，确在此处。皇上可否要往茶号一观？”

“那便给朕带路吧。朕初尝龙井，就觉得这茶与以往的贡茶有所不同，后来才知是翁隆盛茶号改良过的，我倒想见见这家茶号的掌柜。”

杭州知府便带着乾隆一行人浩浩荡荡地来到翁隆盛茶号，一路上锣鼓喧天，围观的人群将街道挤得水泄不通。

“老爷！老爷！皇上来了！皇上来了！”店里的伙计老远就看到外面的阵仗，急急忙忙地跑到后堂喊人，“皇上奔着咱们‘翁隆盛’来了！”

“竟有此事？”翁耀庭做梦也没想到当今圣上会亲临

自己这小地方。

“千真万确，还有好多人伴驾而来呢！”

翁耀庭慌忙整理了衣襟便出门恭候圣驾，远远地看见乾隆要到了，他便扑通一声跪倒在地。等看到一双龙靴出现在眼前时，顿时大喊：“吾皇万岁万万岁！”

“平身吧。”乾隆将其扶起，笑道，“朕宫中的不少好茶，竟都比不上你这翁隆盛茶号的龙井。听说这龙井是你一手创制的，当真了得！”

“草民愧不敢当。不想草民今日能一睹圣容，当真是三生有幸！”翁隆盛说着竟流下两行热泪。

“好好好！不必客气，快带朕去你这茶号里一探究竟！”

翁耀庭颤着声音说：“遵命，请皇上随草民来。”

一踏入这茶铺，鼻端便充盈着浓郁的茶香。“这味道竟比皇宫贡茶还香，朕喝的难道还不是品质最上乘的？”乾隆笑道。

翁耀庭惶恐道：“草民不敢，只是这杭州到京城路途遥远，茶叶质量又极易受到环境影响，香味难免有所减退。”

“哈哈哈，不必惊慌，朕也知道要保持本味殊为不易。”乾隆笑道，“现在正是收茶的时节，你带朕看看你们是怎么制作茶叶的。”

“这茶叶因为一采摘下来就得立刻炒制，才会更加优质，所以我们一般都是分配工人到园区现摘现炒。最近的一个园区，赶过去也得一个时辰，今日天色已不早，皇上，您看，不如明天一早过去？”

乾隆显得有些遗憾地笑道：“那朕今天可是得念上一晚上了。”

夜里，翁耀庭因乾隆要亲去园区辗转难眠，思来想去，觉得此事很是不妥。翁家山路途崎岖，皇上万金之躯，恐受不了这舟车劳顿，万一有个意外，那可是要掉脑袋的……

第二天，见到乾隆，翁耀庭立刻讲出自己昨夜想好的劝说理由，说：“皇上，因路途较远，您不如就在天竺观等待草民将原料和制茶的器具带下来，现场炒制。”

“如此，也可。”

翁耀庭立刻带着伙计赶赴翁家山采茶。

午饭过后，翁老板火急火燎地赶回天竺观准备制茶事宜。等到乾隆午睡起来，他才去禀报：“皇上，万事俱备，可以观看制茶了。”

“好！好！那就请翁师傅带路吧。”

乾隆一边观看茶工炒茶，一边听着翁耀庭的讲解：“这龙井茶叶采摘完成后，需经过开汤审评。符合要求的，当即下锅用文火复炒。茶叶达到香气透发，水分降低到一定标准时，便起锅筛选、簸片，去末拣梗，以符等级。冷透后才装入包里，每包一斤，埋进灰坛中。灰坛在盛茶之前需用旺火炭笼烘烤，待到完全干燥后方可使用。每个坛子可以装十三包茶，里面会再加装两斤重石灰袋一只。"

随着茶工的不断炒制，茶叶的水分慢慢蒸发，茶叶的香气也渐渐飘散开来。

"妙哉！妙哉！没想到这小小的一杯茶，制出来还真是不容易，今日朕算是见识到了！"乾隆当即封翁隆盛茶号为"天字第一茶号"。

几天后，有差人给翁隆盛送来了两块牌匾，都是由乾隆亲笔御题的，一块是"翁隆盛茶号"，另一块便是"天字第一茶号"。题字后还盖上方、圆两枚印章，真是羡煞了其他茶号。

从此，翁隆盛茶号的名气享誉全国，慢慢做成规模极大的全国连锁店，生意链甚至延伸到海外诸国。

参考文献

〔清〕萧奭撰，朱南铣点校：《永宪录》，中华书局，1997年。

第十六章

当之无愧的西湖龙井品牌推广大使

西湖龙井是浙江名茶，它在历经历史的淘选后，光彩丝毫不减。北宋时它是辩才、苏轼与赵抃的心头好，清乾隆后期还被列为贡品。从此以后，龙井茶的名头越叫越响，西湖龙井也逐渐在众多龙井茶中脱颖而出。

乾隆一生写了不少茶诗，也尝遍百茶，若要问他最偏爱哪种茶，答案无疑是西湖龙井。乾隆一生六次南巡，其中四次都专程访问了杭州西湖产茶区，他在当地观看采茶、制茶，还亲自泡茶、饮茶，每到一处都会写诗留念。可以说，乾隆是西湖龙井当之无愧的品牌推广大使。

一、初到杭州就收获了新的茶知识

清朝最出名的三位“明星”皇帝，分别是康熙、雍正和乾隆。康熙的各种故事最多，他的“工作狂”儿子雍正相对没什么绯闻，乾隆呢，这位有作为的皇帝一心向祖父学习，打造了“康乾盛世”的同时，也将祖父的好游好玩学了个十成十。

清乾隆十六年（1751）正月，紫禁城外虽仍处于严寒的冬季，却也有了一丝春意，城中百姓乘着春节的热闹劲儿纷纷出门游玩。然而，坐镇紫禁城的乾隆却丝毫看不上城外那一丁点儿的春色，一心只想往江南跑。

正月十三那天，锣鼓喧天的北京城准备送走四十岁的乾隆。通往江南的码头早已停靠了供奉皇太后与皇上的御舟，旁边甚至还牵连着三只备用的如意小舟。

瘦削的乾隆扶着他年迈的母亲登上船，回首眺望了一下南巡的排场，满意地说："吉庆做得好！"吉庆不胜荣宠地拍袖跪倒，似乎自己这四个月来的忙碌竟不如这轻飘飘的五个字有分量。

早在八月，他就已奏报御舟完工。九月，他还亲自乘船南下，帮皇上测试一下沿途有无阻碍，顺便瞧瞧路上行宫及名胜的情况。一直忙到十二月，吉庆才忐忑地交了项目计划书——《奏为办竣恭备圣驾南巡等项差务事》。

不过乾隆可不关心吉庆的工作过程，他现在恨不得脚下的龙舟真有"千里江陵一日还"的速度，能够马上到达目的地。但是不管他再怎么心急，这一路注定是漫长的。初步确定的旅游线路是先渡黄河，再乘船沿运河南下，经扬州、镇江、常州、苏州、嘉兴至杭州。

因为一路都在坐船，乾隆这位马背上的好男儿有些顶不住了。下船上岸、上船出发，反复倒腾几次后，终于到了终点杭州。

三月初一，乾隆一行浩浩荡荡地登上了杭州的码头。

从北京出发前，他曾经告诫地方，要"力屏浮华"，"时时思物力之维艰，事事惟奢靡之是戒"。结果，他们一登岸，就受到整个杭城军民的夹道欢迎。当地官员深知乾隆讲究排场玩乐，争相奉上陈设古玩，以博取他的欢心。

乾隆明知其中的门道，但碍于帝王心术，没有阻止这些行为，反而奖励了他们，说：“杭州建有行宫，赏银二万两充用。”

清代皇帝在杭州的行宫共有两处，一处是杭州城内太平坊的织造署行宫，另一处则是孤山的西湖行宫。前者是乾隆的祖父——康熙南巡时的驻跸之所，后者则是杭州地方官为了迎接乾隆新建的。

西湖行宫的修建可花了他们不少心思。康熙时的西湖行宫建于他第四次南巡杭州时，这等风雅旅游之所却并不吸引继位的雍正。而且由于行宫长期无人居住，每

〔清〕佚名《西湖风景图·圣因寺图》

年又要支出高昂的维护费用，秉承勤俭节约美德的雍正还一声令下，把孤山上的行宫改成佛寺，并起名“圣因寺”。

此次乾隆驾临杭州，他们特地将西湖行宫修在圣因寺的西侧，两者仅有一墙之隔，还有完全互通的御花园。最重要的是，圣因寺中还供奉着康熙的牌位，方便乾隆去参拜。所以，这一举动正合圣心，引得乾隆龙颜大悦。

出游杭州前，乾隆手中就拿到了一幅绘有杭州旅游景点的《西湖八景图》。这图是由一名叫董邦达的人绘制的，此人正好是浙江富阳人，画家乡美景简直是小菜一碟。

乾隆出游杭州就是按照这张图来规划路线的，西湖天竺寺本就是必游之地。“当初苏轼与上天竺的辩才法师就在天竺品茶论道，朕势必要去瞧瞧。”乾隆话一出口，底下人立马就开始张罗摆驾天竺寺。

去天竺的那天风和日丽，乾隆的心情也不错，他还特地免去了轿子，选择走路上天竺。

寺内的僧人早就接到通知，这时正整齐划一地站在山门处等待皇上的到来。没等多久，就见身穿常服的乾隆优哉游哉地走到天竺寺山门，僧人们在山门两旁迎接圣驾，住持引着乾隆进了天竺寺。

乾隆第一次到天竺寺，看啥都很新鲜，远处几名僧人正在摆弄一些瓦罐炒茶，他特别好奇。乾隆充满疑惑的眼神早被住持察觉，便笑着对他说：“天竺寺历来产茶，今天天气不错，寺里的僧人正好准备炒茶，皇上要不要去瞧瞧？”

乾隆一听原来是在炒茶，顿时来了兴趣，这可是在皇宫中见不到的新鲜事。他点点头，快步走到那些炒茶的僧人旁边。

只见简陋的茅棚内，几孔土灶正架着柴火，烧得正旺。僧人们将送来的茶叶一篓一篓地倒入锅中，不断翻炒。鲜绿茶叶中的水分在热气腾腾的铁锅内逐渐蒸发，茶叶也开始变软。乾隆正好站在下风口，一股青臭味顺风向他扑来。

“西湖龙井也是这般杀青的吗？”乾隆在宫中素来喜欢杭州上贡的西湖龙井，却不知是否也是这般炒制的。

住持立在一旁解说道：“杀青是绿茶制作的关键工序，西湖龙井也是如此。”

乾隆若有所思地看着眼前僧人动作熟练地揉捻茶叶，令茶汁渗出，他突然想去茶园看一看，便转身询问住持：“天竺寺的茶园在何处，朕想亲自去瞧瞧采茶。”

皇上发话，住持不敢怠慢，立即引路来到了天竺寺的茶园。天竺寺种茶历史悠久，早在唐朝时就已被陆羽记入《茶经》，更有传说此处的茶树是由东晋谢灵运自天台运回的。

乾隆来到茶园，看见丘陵上绿意纵横，许多僧人正站在茶树旁采摘茶叶。他们动作娴熟，两只手交替采茶放入篓中，没有丝毫停顿，一棵采完就移步到下一棵。

“雨前龙井当真是品质最好的龙井茶吗？”乾隆站在茶树间，看着僧人们忙碌的身影，心中却在纠结龙井的品质。

住持双眼望向茶园，笑道：“皇上，雨前龙井过于宽泛了。应当说春分时节采摘的茶叶太嫩，而谷雨时节采摘的茶叶太老，只有清明前后采下的龙井品质才是最佳的。”

乾隆还是头一次听到这个说法，他爱写诗，这么重要的新知识当然要记录下来。果然，夜里回到行宫时，他就将白天的见闻写成《观采茶作歌》：

火前嫩，火后老，惟有骑火品最好。
西湖龙井旧擅名，适来试一观其道。
村男接踵下层椒，倾筐雀舌还鹰爪。
地炉文火续续添，干釜柔风旋旋炒。
慢炒细焙有次第，辛苦工夫殊不少。
王肃酪奴惜不知，陆羽茶经太精讨。
我虽贡茗未求佳，防微犹恐开奇巧。
防微犹恐开奇巧，采茶揭览民艰晓。

转眼间，乾隆在杭州已经停留了好几天，南巡的归期近在眼前。

二、第二次观看采茶有感

乾隆第一次南巡时，民间关于他南巡的原因众说纷纭。有人说他是为了游山玩水，为了“眺览山川之佳秀，民物之丰美”而下江南；有人说以皇祖为榜样的乾隆，也像康熙一样重视河工海防，南下是为了巡视江浙一带的水患；也有人说是因为江南的反清势力庞大，乾隆南巡是前来笼络民心、掌控江浙。

民间关于乾隆第一次南巡的话题还未结束，乾隆预备启动第二次南巡计划的消息又在街头巷尾传开了。

清人金廷标的《弘历钱塘观潮歌诗意卷》展示了乾隆在杭州观潮时的盛况

“皇上又要南巡，那阵仗，又要大开眼界了。”

“南巡有什么好，我看皇上就是打着皇太后的旗号去民间寻美……”

百姓们津津乐道的都是乾隆的一些八卦，诸如他在某地与一名妙龄女子邂逅，微服出访惩治狗眼看人低的贪官，南巡路上尝过某位地方平民做的菜赞不绝口，等等。

不管怎么样，清乾隆二十二年（1757）正月，乾隆又带着一众家眷开始了巡视江南之旅。一路上，只要能得皇上欢心，都能得到一定的好处。如金廷标在南巡路上，只是为乾隆献上《白描罗汉图》，立马就得到入宫供职的机会。

二月二十七日正午时分，乾隆乘坐的御舟抵达杭州。靠岸后，乾隆与皇太后等人踏上杭州的土地。这是乾隆第二次来到杭州，自然没有第一次时那么生疏，反而一看见杭州人民就生出亲切之感。

第一次南巡杭州停留的时间短暂，有许多地方都没

来得及游玩。这一次，早在出发前乾隆就已经在心里规划好了行程，他决定去探访未曾去过的名胜古迹。

这次南巡杭州，还是住在西湖行宫。孤山上的行宫早已洒扫一新，宫内的侍从们也统统整装等待皇上的亲临。去往行宫的路上，乾隆突发奇想准备泛舟西湖。幸而接待的官员早有准备，带着乾隆一行人登上小舟，纵览西湖美景。

这次游览西湖给乾隆留下很深的印象，他在小舟上看见了“苏堤春晓”“双峰插云”“六桥烟柳”等西湖景致。自号“十全老人”的乾隆将眼前所见都记在心中，直到同年农历十一月依然清晰难忘，还写了著名的《泛舟西湖即杂咏册》。

游完西湖的乾隆心情大好，下一步的安排则是办点儿正经事。他召集杭州的官员，说：“朕要在钱塘江边检验水师操演。”被召集的官员立刻传令下去，就怕哪个步骤没做好惹得龙颜大怒。

其实乾隆在杭州的正经事只有这么一件，一办完他就投身杭州山水，无法自拔。当地官员听说乾隆爱茶，第一次在天竺看了僧人采茶制茶后还专门作了诗，赶紧安排了一出采茶大戏。

他们找来城中的制茶能手，当着乾隆的面炒制绿茶。乾隆被他们忽悠，本以为是什么惊喜，兴冲冲地跟随他们来到茶园，结果竟然是一场作秀。他坐在椅子上，阴晴不定的脸上没有丝毫笑意。座下官员们的心也跟着七上八下，真怕皇上较真要惩治他们。

“下次不要再做这种事了。”出乎意料，乾隆并没有责怪他们，而是冷淡地留下这么一句话就准备离开。

“皇上，西湖龙井分‘狮’‘龙’‘云’‘虎’四个品号，您上回游了天竺，这次可要去瞧瞧其他品号？”糊涂的官员中也不乏头脑聪明的人，懂得及时挽回败局。

果然，乾隆一听这话，就停住了脚步，转过身来笑道：“我素来偏爱龙井茶，正好趁此机会了解了解。”

那提出意见的官员立刻建议：“这‘狮’指的是狮峰，‘龙’则是龙井，‘云’是云栖，‘虎’是虎跑。此处离云栖最近，不如皇上先去云栖看看。”

乾隆欣然采纳了他的建议，吩咐下去准备亲临云栖。

说来也巧，乾隆在杭州的这段时间正好是采茶季节，所以他一到云栖，就看见成群结队的茶农正在茶园采茶。春天的阳光照在茶园里，头戴斗笠、身挂竹篓的茶农们丝毫没注意到乾隆驾临，正在专心采茶。

乾隆示意身旁的侍卫莫要打扰他们，自己就这样站在茶园旁观察茶农采茶。园中男女都有，年纪不一，他们为了赶在雨前将新叶采摘完，手上正不停忙活着。雨前龙井与雨后龙井的价格可是天壤之别，乾隆虽然没有亲自买茶，但两者的巨大区别他还是知晓的。

只是看茶农采茶，乾隆似乎就看见千万百姓辛苦劳作的场面。他回想起昨日官员们为了奉承自己浪费了那么多茶叶却没有喝止，脸上或多或少流露出些许惭愧。

“皇上，再观采茶，可有佳句？”身旁的人见他想得入神，想当然地以为乾隆又在酝酿诗词，在打腹稿。

茶农们采茶的这一幕还真激发了乾隆的文心。他一抬手，身后的侍从立即识相地拿来笔墨。一名内侍走到他面前躬身弯腰，把自己的背当作案桌供乾隆挥毫。

不一会儿，一首新的《观采茶作歌》就作成了：

前日采茶我不喜，率缘供览官经理。
今日采茶我爱观，吴民生计勤自然。
云栖取近跋山路，都非吏备清跸处。
无事回避出采茶，相将男妇实劳劬。
嫩荚新芽细拨挑，趁忙谷雨临明朝。
雨前价贵雨后贱，民艰触目陈鸣镳。
由来贵诚不贵伪，嗟哉老幼赴时意。
敝衣粝食曾不敷，龙团凤饼真无味。

云栖也有不少名胜古迹，乾隆看完采茶就去游览其余胜景了。眼见日落西山，人也疲累不堪，原定要去的龙井一游也因为山路难行而放弃了。

乾隆一生写了无数茶诗，这首《观采茶作歌》本没有什么特别，却被一位有心人记录了下来。清代藏书家汪孟鋗在编纂《龙井见闻录》时，特意将这首诗放在卷首。他的本意是希望乾隆能在有生之年一游“龙井”。因为乾隆第一次南巡杭州时并未去龙井一游，只流传一句“西湖龙井旧擅名”；第二次南巡杭州时，又因为从风篁岭南下，山路崎岖，放弃了去龙井的念头。

直到乾隆二十七年（1762），汪孟鋗的愿望成真了，乾隆不光去了龙井，还在那里烹茶饮用。

三、心心念念的龙井产茶区

萧瑟的北风仍然盘旋在北京上空，红墙绿瓦的紫禁城正被冬雪覆盖。一大早，养心殿外的内侍就忙碌起来，乾隆召了军机处的大臣们来养心殿奏事，似乎还动了怒。

养心殿的西暖阁内，身穿明黄朝服的乾隆坐在椅子上，胸前的纹龙正怒视群臣。他看众臣都低着头没有说话，便开口问道：“当真一点办法都没有？海宁的潮患从二十五年开始，已经整整两年了！”

面前的几位军机大臣还是一片沉默，海宁潮患可是个烫手的山芋，谁也不想揽到自己怀里。按理说，钱塘江的海潮入口有南大门、中小门与北大门，可以分流，应该不会造成那么大的危害。

坏就坏在这里。海潮偏偏不是四平八稳地涌入海口，主流往往有所偏移。如果海潮涌入北大门，则海宁一带首当其冲；如果涌向南大门，则绍兴一带的海塘会有倾颓的危险。只有海潮主流走中小门，两边才能相安无事，可惜这种概率实在是微乎其微。

“众位爱卿，从二十五年开始，钱塘海潮就频繁北趋，海宁一带屡屡告急。每次大堤坝被冲毁，临近的苏州、湖州、杭州、嘉兴这些富庶之地都会被海水侵犯。这次南巡，一定要针对海宁潮患想出对策来。”

海宁潮患是今日议事的最后一桩，乾隆看大臣们愁眉苦脸的样子也知道问不出个所以然，干脆摆了摆手，示意他们退下。

与此同时，紫禁城内外正在紧锣密鼓地筹办乾隆的第三次南巡。一切准备工作都已就绪，照例是正月从北京出发。此次南巡，乾隆本着“海塘是越中（今浙江绍兴）的第一保障”的认识，主要目的是去海宁勘察现场。

一路南下，每过一处，他都会根据当地的情况颁发一些优惠政策，有时是免除当地的赋税，有时是嘉奖当地的官员。一直走了三个月，载着皇亲国戚的龙舟才进入浙江境内。

因为前两次南巡浙江的民风与人文气息都给乾隆留下了好印象，所以他一上岸便立刻命人召来闽浙总督与浙江学政。

两人胆战心惊地走到皇帝面前跪下，不知是福是祸，却听见乾隆笑着说：“浙江向来从无欠税，想来是你们治理有加，朕就恩赐浙江免去今年的正赋吧！”

闽浙总督喜上眉梢，正要谢恩，又听乾隆说：“杭州人杰地灵，就赐杭州敷文书院武英殿本十三经、二十二史，资髦士稽古之学。”

这下子，闽浙总督与浙江学政的政绩就算都得到了皇上的亲口嘉奖，连忙叩头谢恩，一脸喜气。

“好了，快回西湖行宫吧，太后累着了。”乾隆扶着皇太后上了台阶，准备送她回西湖行宫休息。众人立刻簇拥着他们离开码头，急急忙忙往西湖孤山赶。

正是春三月的好时节，西湖边的杨柳发了新芽，垂在湖面上，风一吹就带起一圈涟漪。久处北方的乾隆，心中的名胜美景除了烟雨楼，就属这西湖最令他魂牵梦萦。

刚在西湖行宫安顿下来，乾隆就急着出去游湖赏玩。御舟之上，他立在船头看湖天一色，风起云涌间，感觉自己好似静止在湖面一般。

“皇上，茶泡好了。”身后的内侍小声提示，端着茶碗，恭敬地举过头顶奉上。

乾隆转过身，单手拿过茶碗，尝了一口，感叹道：“西湖美景，该配上西湖龙井才不枉朕来这一遭。”奉茶的内侍不敢吱声，碗中也是贡茶，可谁也没想到万岁爷偏要喝西湖龙井茶。

“这么说来，前两次南巡，朕竟一次都没去过龙井。这次，朕一定要去瞧瞧。”

乾隆说到做到，今天许下的愿，明天就能完成。第二天，一向冷清的龙井便迎来了皇帝在内的一大批游客。

龙井历来是杭州的产茶地，随处可见丛丛的茶树，茶园外更生长有许多野花果树。春光烂漫，花卉竞相开放，龙井就是茶与花的海洋。

乾隆游览之余，突然看见远处一树玉兰花开正旺，无叶的树干上挂满了洁白带粉的花朵。“来人，取笔墨。”跟着伺候的人知道乾隆要作画，赶紧取来笔墨，就地搭建了案桌。

只见乾隆挥笔舞墨，纸上的折枝花卉就显现出来。他刚停笔，还没来得及自我欣赏，就听身旁的崇庆皇太后笑道：“皇帝画得真好，我很喜欢，这画送给我如何？”

“母后喜欢，朕求之不得。”乾隆恭敬地让过身子，方便皇太后看画，又吩咐身旁的内侍，“晚些时候，找人将这幅《龙井写生花卉》装裱成轴，送到皇太后住处。”

既然来到龙井，如果不尝尝刚出炉的新茶，怎么能称不虚此行呢？何况，乾隆一向推崇的苏轼就多次在龙井与辩才法师交往唱和，他这次的龙井一游也得留有诗句才行。

乾隆游赏了龙井几处美景，也借用苏轼诗中的韵脚写了首《初游龙井志怀三十韵》。除了写诗，他们还去现场观看了龙井当地的茶农采茶制茶的全过程。新制的西湖龙井茶已经就位，就缺泡茶的好水了。

内侍吩咐人去取水，没等多久，就见一名侍卫飞马而来，翻身下马后疾步上前，跪着将手中的陶罐呈上，说：“皇上，这是刚去龙井泉取的水。”

乾隆也不移步，就在茶农休息的凉亭内烧水冲泡茶叶。眼前是一排排的龙井茶树，手中又是泛着香味的西湖龙井，这让一向诗兴大发的乾隆坐不住了，他即兴吟就一首《坐龙井上烹茶偶成》：

龙井新茶龙井泉，一家风味称烹煎。
寸芽生自烂石上，时节焙成谷雨前。
何必团凤夸御茗，聊因雀舌润心莲。
呼之欲出辩才在，笑我依然文字禅。

这是乾隆第三次南巡杭州，他终于得偿所愿，来到了龙井茶区，观赏了当地的风景名胜，还就地喝上了新制的龙井茶。尽管海宁潮患压在心头，他依然在风景如画的杭州停留了十几天，可见他对杭州的偏爱。

四、尝遍百茶的他对西湖龙井情有独钟

乾隆三十年（1765）闰二月初七，这天可是杭州百姓的大日子。

“听说了吗？皇上马上就要进杭州城了！”

“皇上四次南巡都来我们杭州，可真是天大的荣幸！”

杭州城内，街头巷尾的百姓都在谈论乾隆即将驻跸杭州的事情。尽管这已经是乾隆第四次来杭，百姓们依旧没有丧失热情，指望着赶紧忙完手中的活，好去城门口一睹皇上的风光。

杭州城门两边的商贩已经被打发了，骑着马的士兵正举着旗帜不苟言笑地站成两排。杭州官员们纷纷前来接驾，跪在主干道的正中。

马蹄声由远及近，官员们抬头便看见马上的乾隆。他戴着常服冠，座下是一匹通体雪白的神驹，舟车劳顿后疲累的面容也无法遮盖周身的威严之气。“平身吧，到杭州前已经传信说朕要登观潮楼检阅福建水师，可准备

好了？”

为首的那名官员站起身来，躬身答道：“皇上，福建水师已经集结完毕，随时可以检阅。”

乾隆一听水师已经集结在钱塘江边，也顾不上去行宫休息，低头吩咐身边的内侍先安排同行的皇太后等亲眷入住行宫，自己则带领一队人马前去观潮楼检阅水师。

这并非乾隆第一次在杭州检阅水师，之前南巡时他也曾多次检阅杭州的水师与驻扎在此的八旗兵。刚登上观潮楼，乾隆就看见江面上停着密密麻麻的战舰，战舰上的黑点则是全副武装的士兵。

“检阅水师不比检阅陆军，速速排列阵形，让朕瞧瞧你们都是如何防守进攻的。”乾隆站在高台上一声令下，位于观潮楼下方的水师总兵听了命令，立即挥舞旗帜示意江面的战舰调整位置。

原本随意停靠的水师战舰逐渐排列出阵型，一些被选中的水师士兵也出现在观潮楼前的空地上，为乾隆展示他们的拳脚功夫。检阅水师并不费时，那些士兵只需重复几次，做到整齐划一即可。

乾隆在检阅完福建水师后，终于感到有些体力不支，对身旁的内侍说：“朕有些累了，赶紧安排回行宫。”领旨的内侍一俯身，急匆匆地跑下了楼。

乾隆已经年过五十，前三次南巡时的轻松愉悦已经悄然转为第四次南巡时的疲累。他在行宫休养了一天，只议政事并未外出。西湖行宫建在西湖孤山上，只要稍稍留意，就能看见湖上的万般美景。

他在杭州一住就是十天，其间到处游览美景、题诗作赋。第十一天时，他照例收拾一番准备出游，只是不知该往哪里去，索性询问同行的官员：“杭州可还有朕未曾去过的名胜古迹？”

“皇上，天竺、龙井等佛寺您已经游过了，西湖八景您也看完了，只剩下些没什么名气的小地方了。”

确实，乾隆游杭州可是有攻略的，他跟随苏轼的步伐，四次南巡几乎把杭州游了个遍。更何况，他身边还有个颇为信任的杭州土著董邦达为他出谋划策。突然，乾隆眼前晃过当年喝茶的情形，他笑着说：“现在还在雨前，朕趁此机会再游龙井可能还有一杯新茶喝。”

有了目的地，大部队赶到龙井也只是一炷香的工夫。乾隆走在最前面，左右打量道路两侧的茶园。一想到明日就要启程离开杭州，这风景绝妙的龙井可能无缘再见，心中一阵惋惜。

“去取些龙井泉水，朕想在此处喝杯龙井茶。”

“皇上，微臣早已备好一应用具，只等皇上圣驾。”说话的官员倒是个头脑灵活的，备好了茶具也不提前说，就等着皇上开口。

来到歇脚处，桌上的炉火正旺，龙井泉水已经烧开。那名官员赶紧奉上一个纸包，说：“皇上，这是龙井新茶，您尝尝。”乾隆接过茶包，用刚烧开的龙井泉水泡了茶。

微风习习，西湖龙井的香味弥漫开来。乾隆尝了一口，美好的口感与记忆中念念不忘的味道重叠，当即发出感慨："好茶！"他喝完一杯，沉思片刻，望着满山茶色，文思涌动，当即吟道："清跸重听龙井泉，明将归辔启华旃。问山得路宜晴后，汲水烹茶正雨前。入目光景真迅尔，向人花木似依然。斯诚佳矣予无梦，天姥那希李谪仙。"

回到行宫后，他还特意将这首《再游龙井作》写在纸上保留下来。乾隆对西湖龙井的热爱真是无人可比，他为了心心念念的西湖龙井，专程游遍杭州所有龙井产茶地，几乎每到一处都要作诗留念。

后来，乾隆第五、第六次南巡时都未留下茶诗，但他依然将西湖龙井放在心上。据嘉庆《杭州府志》记载，乾隆回到北京后，还专程写了《雨前茶》与《烹龙井茶》来回忆杭州的西湖龙井。

西湖龙井虽是贡茶，但在乾隆之前并没有那么大的名气，正是由于乾隆的思之念之，西湖龙井这个品牌才逐渐做大做强，甚至登上"中国绿茶皇后"的宝座。尝遍百茶的乾隆偏偏对西湖龙井情有独钟，他是当之无愧的西湖龙井品牌推广大使。

参考文献

1.〔清〕赵尔巽等撰:《清史稿》,中华书局,2008年。

2. 朱家骥:《钱塘江茶史》,杭州出版社,2015年。

3. 朱家骥:《杭州茶史》,杭州出版社,2013年。

4.〔清〕高宗撰:《乐善堂全集》,社会科学文献出版社,1996年。

第十七章

九曲红梅因战乱北上 终落户杭州

在浙江省十大名茶之中，“九曲红梅”是唯一的红茶，所以被称作浙江茶区“万绿丛中一点红”。

九曲红梅的身世可以说是很曲折的，它在清咸同年间的战火中跟随着福建武夷山区的几户茶农北上，几经辗转才来到了杭州大坞山落户，从此便在大坞山的优良沙质土壤中孕育生长。

九曲红梅因“形如鱼钩、色泽乌润、汤色红艳、香似红梅”而得名。九曲红梅的生产至今已有近两百年的历史，直到今天它仍是红茶中的佼佼者。

一、硝烟四起，人民颠沛流离

18 世纪中后期，欧洲资本主义国家迅速崛起，英国率先开始了工业革命。到了 19 世纪二三十年代，英国已经基本完成工业革命，机器生产逐渐完备，商品生产也实现了工厂化。

工业革命以后，对于英国来说，相比以前单纯依靠手工进行的生产，现在产出一件商品可以说是不费吹灰之力。所以当时只要提到英国，那就是先进生产力的代表。但英国地盘不大，人也少，成批地生产了那么多产品却无处可销，商人们自然有些着急。任谁有这么多商品无法变现，都得亏死。

这时有人出了个主意，说：“在我们东边的瓷器国，每年光是靠着出口瓷器、丝织品和茶叶等商品都要从我们这里捞许多钱。他们人口众多，要是能够把商品销到那里，就不用愁我们的产品销路会断，还能改变我们的贸易逆差（一般表明一国的对外贸易处于较为不利的地位），只是……”

“只是什么？”

“只是，他们如今信奉闭关锁国这一套，不愿意从海外进口商品。上次外交官去找他们谈判，那皇帝竟然狂妄地说他们国家什么都不缺，不需要和我们进行交易。咱们要想把商品送进去，恐怕有点困难。”

“这个好办，我们不是还有一种特殊的商品——鸦片吗？我就不信有人能够抵挡住它的诱惑。”资本主义开始打起它的如意算盘来。

于是，英国开始向中国大量走私鸦片，以此来满足他们追逐利润的欲望。鸦片来到中国后，正如他们所期望的，一经销售，便受到热捧。

鸦片贸易的出现给英国资产阶级带去了惊人的暴利，并且打破了中国对外贸易的长期优势，让中国从两百多年来的出超国（出口贸易总额大于进口贸易总额）一下变成入超国（进口贸易总额大于出口贸易总额）。

尝到甜头的英国，看着这梦寐以求的潜在购买市场，又开始谋划着一场更大的阴谋——他们决定用大炮打开中国国门，让中国完全成为英国倾售商品的场所。

这时，鸦片的到来已经让中国民众体质下降、社会风气败坏、白银流失，国家也日益贫困……但清廷对此仍无所作为，大臣林则徐看不下去了，站出来领导了“虎门销烟”，祈望能够唤醒民智，让国家重新富强。

谁也没想到，林则徐的这一举措竟然成为英国启动阴谋的导火索。英国借由“虎门销烟”事件明目张胆地将舰队开到了中国海面，发起了第一次鸦片战争，一时间中国大地硝烟四起。

一声炮响，惊醒了沉睡中的“天朝”，但此时想要抵抗却已经来不及了。

“报——皇上，英吉利人打进来了！”一个太监急急忙忙地赶进殿来，不小心摔在地上说道。

道光帝闻报后下令对英宣战，只是此时的清朝早已国力衰退，许多士兵也因吸食鸦片精神萎靡，战斗力大减，武器的差距更是巨大。在此局面下，持续近两年的第一次鸦片战争随着清军的节节溃退，最终宣告失败。

路边一位大爷叹气道：“你听说了吗？我们这次打了败仗，朝廷乖乖地和英吉利签订了丧权辱国的《南京条约》，要赔不少钱呢！不止如此，朝廷竟然还把香港岛都割让给了英吉利，真是岂有此理！可悲，可悲啊！”

旁边的同伴气呼呼地回应：“是啊！这该死的朝廷，面对英吉利提出的一系列不平等的条约，居然连反对的胆子也没有，就这样完全接受了。看来，接下来我们的日子可要不好过了。”

果不其然，这场鸦片战争带来的巨额赔款，清廷全都以捐税的形式转嫁到了民众的身上，加上鸦片和外国商品的大量输入，农民们不堪承受，只好放弃土地，投奔外乡，因此出现了大批的游民和饥民。他们拖家带口地行乞在各个城门口，过着有一顿没一顿的日子，风餐露宿，日子很艰苦。

“与其这么被压榨剥削等死，不如我们团结起来推翻这腐败不堪的清廷！”一名反清人士在广西田间宣传道。

“是啊，是啊。”

“这样的日子我再也过不下去了。”一位大爷说着竟哭了起来。

民众深谙要是再继续这样下去，怕是连活路都没有了。饥寒交迫的日子早就过够了，于是他们选择揭竿而起。

在鸦片战争结束后的十年间，虽然反抗斗争此伏彼起，想要推翻清廷的起义达一百多次，但大多不具规模，就像小小的石子怎么样也激不起浪花。

终于在咸丰元年（1851），洪秀全在广西桂平县金田村发动了一场大规模的农民起义，建立了太平天国，开始了长达十四年的太平天国运动。

“爹，我今天上山去采茶时，听见别人说太平军从浙江那边败退下来，快要打过来了，我们是不是早点做好打算？”

“怕是打不到我们这里的，我们这穷乡僻壤的，十天半个月都见不到一个生人，不用怕。”父亲平静地说道，对儿子的担忧丝毫没有上心。

没想到第二天夜里，一家人收拾好刚刚歇下，只听见远远传来轰隆隆的声音。

“什么声音？”儿子惊醒了，仔细一听好像是炮火声。他立马跑到父母的房门前喊道：“爹娘，快醒醒！别睡了！打过来了！打过来了！”

他爹连外衣都没来得及穿就跑出来了，也不知道先前是谁说的“不用怕”。

“我先出去看看，你和娘赶紧收拾点必要的东西。”儿子刚说完便跑了出去。

出门后，只见不远处火星点点，村民们都四处奔逃。睡梦中的小孩子被吓醒后，一直大哭。惊慌失措的吼叫声、孩子的哭泣声、牲畜受惊的声音和远处的炮火声都混杂在这个夜晚。

“爹！娘！这里！快过来！”儿子朝爹娘挥挥手，“我把咱家的马牵出来了，但是没有货架，邻居家借了一个货架给我们，他们和我们一起走。”

“好，抓紧时间，我们快点离开这里。”说罢，父亲不舍地回头望了望自己的家，虽然简陋，却也充满了一家人的回忆。

两家人安好架子，赶忙跟着大部队一起逃难去了。沿途都是些受伤的人，拖儿带女的农人，满头白发的老人……画面让人不忍心看。

有人无奈抬头看天，天空中布满了星星，只是这个夜晚，他们都没有心情再去欣赏，人们能够看到的只剩下那凄凉奔波的明天。

这些受到战火波及的人们，开始了颠沛流离的生活。

二、福建北上逃难的茶农辗转安家杭州

尽管已经离村子很远了，这些农人在逃难沿途仍然能听见炮火轰鸣，看见硝烟弥漫、遮云蔽日，一路上民不聊生。

“唉，真不知道这日子什么时候才能到头啊！天天盼着好日子能够快点来临，最终盼来的还是颠沛流离，我们这些可怜的农民！”邻居耷拉着脑袋说道。

“是啊！征税，征税，这税征得我们过不了正常的日子。打仗也是，战火一起，苦的还是我们这些靠土地吃饭的农民。有家不能回，有地不能种，我们还能靠什么活下去？”老头刚刚抱怨完，就看到几个清军从旁边过去，吓得赶紧闭上了嘴巴。

“大伯快别说了，再苦咱们的日子还得过下去，现在还是快想想该朝哪里走吧！”队伍中的青年说道，到底还是年轻人积极些。

“一路走来，这附近都是逃难的人，想必也不太平。战火既然是从浙江烧过来的，那么我们就朝浙江走，准没错！”

“好，我先去镇上看看还能不能买点干粮，你们先在这里等等。”另一个小伙子说完便火速进城。

进城后，他发现曾经繁荣的镇子如今也已破败不堪。他在废墟中四下寻觅，好不容易才找到一处还在营业的货摊，买好食物补给后赶紧归队。

“这城里的人也都快走没了，真是可叹！这年头真是没法过个安生日子啊！”刚刚去买食物的青年摆摆头，长叹一口气。

为了节约粮食，赶紧离开这个是非之地，他们快马加鞭，队伍里的青年自告奋勇，换着休息，轮班驾车。

快走到福建与浙江的交界处时，他们碰到了两个人——一个看上去较年幼的小伙子背着另一个小伙子艰难地步行逃难，与其说是背，倒不如说已经接近拖着走的状态。背上那个人的腿上还流着血，不时发出呻吟。

一行人看着于心不忍，就在车上叫道：“小兄弟，你们快上来一起走吧！照你们这么走得走到什么时候啊？”

弟弟放下哥哥，行了一个礼，才扶着哥哥上车，说：“多谢！多谢！”

队伍中的年长者关切地问道：“小兄弟，你背着的是你什么人啊？”

“是我哥哥。”

“他腿怎么受伤了？”

“说来话长。我和我哥哥原本是在金华卖茶的小商贩，靠这买卖生活倒也过得不错。只是现下仗打得越来越激烈，到处都在抓壮丁充军，我们没来得及跑掉就被抓了壮丁。幸运的是，我们乘着这次混战的机会终于逃了出来。”弟弟长舒一口气说道。

哥哥接道：“是啊，真是噩梦啊，感谢老天，让我们还能活着。”

“我们也是刚从福建那边逃过来的啊！”

“大难不死必有后福！你们快歇歇，这些天累到了吧。”驾车的青年转过头来说。

“好的，好的，辛苦大哥了。”

下午，一行人终于到了福建与浙江的交界处江山县（今浙江江山市），谁知却天降大雨，步行艰难。原本以为到了浙江情况就会有所好转，没想到看到的仍旧是百姓流离失所的景象。

一名书生站在城墙上吟诵道：“君不见，青海头，古来白骨无人收。新鬼烦冤旧鬼哭，天阴雨湿声啾啾。悲哀！悲哀啊！”说罢，便一跃而下，顿时血水混着雨水四处流散。

车队里的小孩儿看见吓坏了，大哭起来，大人赶紧蒙上了孩子的眼睛，胆小的妇女也忍不住啜泣。

见此情景，驾车的青年道：“此地不宜久留，我们还得继续北上！”这位小伙子显然已经精疲力竭了，为了能尽快安定，他只有继续前进。

一路北上，半个月后，他们走到富阳县（今杭州市富阳区）的地界，情况慢慢好了起来，沿途已经不再是流离失所慌忙逃命的百姓，田间开始出现一些劳作的人，许多镇子也恢复了生机。

“人人都道‘上有天堂，下有苏杭’，我们既然走到这里了，眼见这里的战争已经平息，不如就再坚持几天，去杭州看看情况如何吧。”半路上车的弟弟说。

“我赞同，我也仰慕杭州美景多时了，在车上颠簸了这么多月了，不差这几天。”

当家的都这么说了，妇女和儿童自然是没什么意见的，那便去杭州。

这么久了，众人心情终于开始明朗，对未来充满期待。

后来，他们走到了杭州的大坞山，只见群山环抱、竹木葱郁、云雾缭绕，小鸟叽叽喳喳地唱着人们听不懂的歌曲，真是有如仙境。

车上的小孩子说：“哇，阿娘快看！有仙女娘娘！”

众人听后哈哈大笑，孩子的纯真在此刻就像是那久旱中的甘露，让众人干涸已久的心灵得到灌溉！

于是大家决定下车休憩片刻，享受那好久都不曾拥有的宁静。

这时，有人弯腰挖了一点泥土查看：“这地方都是沙质土壤，看着周围长得甚好的植物，想必土质也不错，加上这云雾，我看是个种茶的好地方呢！”

“你这么一说倒还真是！是个适宜茶树生长的好地方！”

这队从福建逃来的人马，原本就是以种茶为生，就连逃命时也不忘记带上茶种。而路上“捡”的那两兄弟又正好是做茶叶买卖的，会点制茶手艺。众人都觉得建立美好生活的希望就在眼前。

大家对未来畅所欲言，一番讨论后竟出奇一致地决定在这里扎根。

三、苦难中造就“万绿丛中一点红”

做了扎根在此的决定后，他们面临的第一个难题便是如何解决温饱问题。商议之后，这几家人便合力修建草舍，开垦田地种粮。

这天，大家聚到一起为新家落成举行了一个小小的仪式。年长者说：“我们经历了几个月的逃亡生活才安定下来，现在草舍已经搭建好，粮食也已种下，总算摆脱流离失所的生活了。”说着说着就流出了热泪。

大家见状，想到前几个月的日子，也都忍不住流泪，他们总算苦尽甘来了。

众人拾柴火焰高，没多久，这群人的生活就稳定下来了。他们开始伐木栽茶，准备重操旧业。

茶树的生长期较为缓慢，大概需要三到四年才能正式采摘。在漫长的等待中，战火也逐渐平息了。

春季，雨后万物生长，两年前种下的茶树也在默默积蓄力量，等待发出嫩芽。

“发芽啦！发芽啦！”小女孩去山上玩耍时看见今年的茶树冒出了嫩芽，兴冲冲地跑回去告诉大家。

还没走到家，半路就被她爹给截住了：“小傻瓜，现在发芽还不算什么，还得等一个多月才能采摘呢！”

“这样吗？可是看到茶树发芽我还是好开心，我要回去告诉大家，让他们也开心开心！”小女孩笑嘻嘻地说。

在家忙碌的人们听说后也都十分欣慰，心想再等一个月采摘茶叶后，就可以卖掉补贴家用了。

采茶最讲究时间，采太早味道不全，太迟又会导致茶叶神散。终于到了四月采茶时，几家人全部出动去了茶园。一路上鸟语花香，到处都是春色盎然。

西湖九曲红梅茶生产基地

他们在阵阵的欢声笑语中到了茶树种植地。此刻雾气升腾，隐隐约约中那一抹春绿分外喜人。“看样子今年的收成不错。”茶商兄弟说道。

一行人背起背篓，奔到茶园里，欣喜地在茶树间采摘。兴起之处，男男女女还对唱起了在福建的茶歌：

清明过了谷雨边，背起包袱走福建。
想起福建无走头，三更半夜爬上楼。
三捆稻草搭张铺，两根杉木做枕头。
想起崇安真可怜，半碗腌菜半碗盐。
茶叶下山出江西，吃碗青茶赛过鸡。
采茶可怜真可怜，三夜没有两夜眠。
茶树底下冷饭吃，灯火旁边算工钱。
武夷山上九条龙，十个包头九个穷。

虽然歌里诉尽了以往采茶的艰辛，但如今在这样的快乐氛围下，听上去却是格外悦耳。傍晚，大家心中充满着收获的快乐和对未来美好生活的憧憬满载而归。

茶叶采摘完毕，就轮到茶商两兄弟上场了。他们利用老家的制茶工艺，对这批茶叶进行处理。起初，这批茶叶并无出彩之处，根本竞争不过杭州当地的名茶。

后来，福建的茶农们给两兄弟分享了武夷山的制茶方法，这令他俩茅塞顿开，想到了结合两地制茶工艺的办法。随着一遍一遍地改良，这种茶叶开始呈现出独特的红色，味道也不同于杭州当地的绿茶。

这下子，他们的茶叶在杭州有了市场，买过这种红茶尝鲜的人无一例外都成了回头客。

这天，又一批茶制出来了。

女孩正好在旁边，她惊奇地说："伯伯，这茶弯弯曲曲的，像鱼钩一样，好有意思！"

"我看你这女娃看啥都有意思。"茶商大笑。

"我们给它取个名字吧！你看它弯弯曲曲的，泡出来的茶水红红的，像梅花的颜色。我们又正好是从九曲把茶种带来的，可以把它叫作'九曲红梅'吗？"

"有意思，现在买茶的人越来越多了，我们是得给它取个好名字，方便大家记忆。嗯，就叫'九曲红梅'吧，既符合茶的品质，也多少包含了纪念之意。"

就这样，九曲红梅在一群从福建北上的逃难者手中诞生了。

后来，他们和隔壁村联姻，大家一起学习制茶，渐

从晚清与茶叶相关的风俗画中，我们能一窥当时茶叶贩卖的盛况

渐地还形成了产业带。

这九曲红梅因为茶形弯曲，汤色红如梅花而得名。但它还有另一个名字“九曲乌龙”，关于这个名字，还有一个传说。

相传在灵山的大坞盆地，居住着一对从福建武夷山区迁徙过来的老夫妻，他们靠从家里带来的茶种，在山里栽种茶树维持生计。老两口一直没有生育，年近六十时才意外得子，他们非常开心，给儿子取名阿龙，寄予了父母望子成龙之意。阿龙从小就喜欢在溪边玩耍。

有一天，阿龙去溪边玩耍，看见两只小虾米在争抢一颗闪光的小珠子，觉得好奇，就把珠子捞起来含在自己嘴里，然后高兴地向家里跑，却一不小心把珠子吞到了肚子里。到家后，他只觉浑身奇痒无比，于是吵着要母亲给他洗澡。

谁知，阿龙一泡进热水盆里，就变成了一条乌龙。一时间，雷电交加，风雨大作，阿龙化成的乌龙腾空而起，飞出屋外。老两口见到儿子变成了一条乌龙飞走，惊吓之余是浓浓的伤心，哭叫着拼命追赶而去。

变成龙的阿龙因为留恋父母亲，不忍离去。于是它游一程，便一回头，连着游了九程，共回了九次头。就这样，在它游弋过的地方，竟形成了一条有九道弯曲痕迹的溪流，一直通往钱塘江。

传说在这弯曲的溪边非常适宜栽种茶树，历来在这里采摘的茶叶经炒制后形状也弯曲如龙，所以炒制出的茶就叫“九曲乌龙”。

九曲红梅因其独特的品质到了今天仍旧是功夫红茶里面的佼佼者，是浙江多品名茶的“万绿丛中一点红”。

参考文献

1. 罗尔纲：《太平天国》，广西师范大学出版社，2004 年。

2. 胡绳：《从鸦片战争到五四运动》，人民出版社，1998 年。

丛书编辑部

艾晓静　包可汗　安蓉泉　李方存　杨　流

杨海燕　肖华燕　吴云倩　何晓原　张美虎

陈　波　陈炯磊　尚佐文　周小忠　胡征宇

姜青青　钱登科　郭泰鸿　陶文杰　潘韶京

（按姓氏笔画排序）

特别鸣谢

曹工化　夏　烈　徐吉军（系列专家组）

魏皓奔　赵一新　孙玉卿（综合专家组）

夏　烈　任茹文（文艺评论家审读组）

供图单位和图片作者

中国茶叶博物馆　杭州市茶文化研究会

白丽丽　张国栋　姚建心　蔺富仙

（按姓氏笔画排序）